AF586168

A. BUHL

Géométrie et Analyse des Intégrales doubles

N° 36 GAUTHIER-VILLARS et Cie, Éditeurs

SCIENTIA
1920

PHYS.-MATHÉMATIQUE
n° 36

GÉOMÉTRIE ET ANALYSE

DES

INTÉGRALES DOUBLES

PAR

A. BUHL

PROFESSEUR A LA FACULTÉ DES SCIENCES DE TOULOUSE

GÉOMÉTRIE ET ANALYSE

DES

INTÉGRALES DOUBLES

INTRODUCTION.

Le titre choisi pour cet opuscule peut paraître bien prétentieux, puisqu'il s'appliquerait aussi bien à une suite indéfinie de gros volumes contenant tout ce qui se rapporte aux intégrales doubles en Mathématiques pures. En réalité, je n'ai envisagé, chose malaisée à indiquer dans un titre, que des conséquences quasi immédiates de l'identité

$$\int\!\!\int_{S} dX\, dY = \int_{C} X\, dY.$$

Il est surprenant qu'on puisse ainsi rassembler de nombreux et élégants théorèmes constituant alors comme une préface, aisément obtenue, à des travaux véritablement grandioses et dus à des maîtres de la Science française dont il m'a été également aisé de mettre les noms en évidence.

D'ailleurs, les deux membres de l'identité précédente ont déjà engendré de fructueuses moissons; rappelons notamment leur rôle sur les surfaces de Riemann, quant à l'obtention des propriétés fondamentales des intégrales abéliennes.

Ayant touché, malgré la modestie du point de départ, à des questions assez diverses, j'aurais pu faire une assez longue liste de références bibliographiques. Réflexion faite, toutes les fois qu'un Mémoire fondamental me semblait contenir toute la bibliographie désirable, je n'ai cité que ce Mémoire.

Ces quelques pages doivent conduire à étudier beaucoup en dehors d'elles : tout en restant au seuil d'imposants monuments scientifiques, j'ai pu réindiquer les grands sujets d'étude qu'ils comportent en y joignant même quelques indications, de moindre importance, relatives à des problèmes soulevés par mon propre exposé.

De toutes façons, je pense attirer l'attention sur de grands champs de recherches d'un abord souvent facilité par l'intuition géométrique.

A. B.

Juin 1930.

CHAPITRE I.

L'IDENTITÉ FONDAMENTALE. FORMULES DE RIEMANN ET DE STOKES.

1. L'identité fondamentale et la formule de Riemann. — Soit un contour fermé plan c rapporté à deux axes rectangulaires OXY. Nous admettrons sans explication que l'aire s enfermée dans ce contour est exprimée par l'un ou l'autre membre de l'égalité

$$\text{(A)} \qquad \int\int_s dX\, dY = \int_c X\, dY.$$

Ce sera là notre *identité fondamentale*. Le second membre est une intégrale curviligne étendue au contour c dans le sens direct; nous supposons donc connus la définition de l'intégrale curviligne et les calculs élémentaires pouvant se rapporter à de telles intégrales.

Soit maintenant la transformation

$$\text{(1)} \qquad X = X(x, y), \qquad Y = Y(x, y)$$

changeant c en un autre contour C d'aire bien définie S. L'identité (A) devient

$$\text{(2)} \qquad \int\int_S \begin{vmatrix} X'_x & X'_y \\ Y'_x & Y'_y \end{vmatrix} dx\, dy = \int_C X(Y'_x\, dx + Y'_y\, dy).$$

En posant

$$XY'_x = P, \qquad XY'_y = Q,$$

on a définitivement

$$\text{(B)} \qquad \int\int_S \left(\frac{\partial Q}{\partial x} - \frac{\partial P}{\partial y}\right) dx\, dy = \int_C P\, dx + Q\, dy.$$

C'est la *formule de Riemann*. Les fonctions $P(x, y)$ et $Q(x, y)$ peuvent être considérées comme quelconques sous simple réserve des conditions générales d'analyticité permettant l'existence des dérivées partielles figurant dans (B); il y a d'innombrables choses à faire sans qu'on ait à s'inquiéter davantage de la nature analytique de P et Q ou des singularités que peuvent présenter ces fonctions. Mentionnons toutefois que la question des singularités entraîne d'importants développements dont certains seront sommairement examinés au Chapitre V.

Nous laissons complètement de côté les généralités élémentaires et ultra-classiques sur les cas où la formule (B) est en défaut du fait de singularités de P et Q situées dans S ou sur C.

Observons qu'à l'aide d'un déterminant symbolique dont on comprend immédiatement la signification, la formule (B) peut s'écrire

$$\text{(B')} \qquad \int\!\!\int_S \begin{vmatrix} \frac{\partial}{\partial x} & \frac{\partial}{\partial y} \\ P & Q \end{vmatrix} dx\,dy = \int_C P\,dx + Q\,dy.$$

C'est là un moyen de former le premier membre sans possibilité d'erreur d'écriture; ce premier membre a alors une symétrie parfaite plus évidente qu'en (B). Le déterminant symbolique est, au fond, dans la nature des choses; il provient du déterminant ordinaire qui figure dans (2), et peut-être pourrait-on inférer de là que la démonstration que nous venons de donner pour la formule de Riemann est particulièrement naturelle. Quoi qu'il en soit, elle va s'étendre aisément à d'autres formules plus complexes que (B).

2. **Formule de Stokes.** — Partons toujours de l'identité fondamentale (A) et, au lieu de (1), considérons la transformation

$$\text{(3)} \qquad X = X(x, y, z), \qquad Y = Y(x, y, z),$$

qui n'est bien qu'une transformation à deux variables si le z qui y figure est celui d'une surface

$$\text{(4)} \qquad z = f(x, y).$$

On peut imaginer qu'à tous les points (X, Y) de s correspondent tous les points d'une certaine portion de la surface (4) ou, comme nous dirons souvent, tous les points d'une *cloison* S délimitée, sur (4), par un contour C.

Alors la transformation indiquée change l'intégrale double

de (A) en

$$\int\!\!\int_S \begin{vmatrix} X'_x + p X'_z & X'_y + q X'_z \\ Y'_x + p Y'_z & Y'_y + q Y'_z \end{vmatrix} dx\,dy,$$

ce qui peut s'écrire

$$\int\!\!\int_S \begin{vmatrix} -p & -q & 1 \\ \frac{\partial}{\partial x} & \frac{\partial}{\partial y} & \frac{\partial}{\partial z} \\ P & Q & R \end{vmatrix} dx\,dy$$

si l'on pose $p = z'_x$, $q = z'_y$ et

$$(5) \qquad P = X\frac{\partial Y}{\partial x}, \qquad Q = X\frac{\partial Y}{\partial y}, \qquad R = X\frac{\partial Y}{\partial z}.$$

L'intégrale simple de (A) est d'une transformation immédiate au moyen des mêmes notations et l'on obtient alors l'égalité

$$(C) \quad \int\!\!\int_S \begin{vmatrix} -p & -q & 1 \\ \frac{\partial}{\partial x} & \frac{\partial}{\partial y} & \frac{\partial}{\partial z} \\ P & Q & R \end{vmatrix} dx\,dy = \int_C P\,dx + Q\,dy + R\,dz.$$

C'est la *formule de Stokes*. Si $d\sigma$ est un élément superficiel de S dont la normale a pour cosinus directeurs α, β, γ, on a

$$(6) \quad -p\,dx\,dy = \alpha\,d\sigma, \qquad -q\,dx\,dy = \beta\,d\sigma, \qquad dx\,dy = \gamma\,d\sigma,$$

et (C) peut s'écrire

$$(D) \quad \int\!\!\int_S \begin{vmatrix} \alpha & \beta & \gamma \\ \frac{\partial}{\partial x} & \frac{\partial}{\partial y} & \frac{\partial}{\partial z} \\ P & Q & R \end{vmatrix} d\sigma = \int_C P\,dx + Q\,dy + R\,dz.$$

Jusqu'ici, les fonctions $P(x, y, z)$, $Q(x, y, z)$, $R(x, y, z)$, étant définies par (5), ne peuvent être considérées comme quelconques, mais il est aisé de voir qu'en (C) ou en (D) elles peuvent tout de même être considérées comme complètement indépendantes l'une de l'autre. Pour X quelconque et $Y = x$, la fonction P sera quelconque et Q et R seront nulles. On construirait de même une seconde formule (C) ou (D) avec Q quelconque et P, R nulles, puis une troisième avec R quelconque et P, Q nulles. L'addition des trois formules reproduira (C) ou (D) avec des fonctions P, Q, R qu'on pourra désormais considérer comme quelconques.

3. **De l'invariant intégral. Généralités sur** (D). — Une première propriété essentielle de l'intégrale double figurant dans la formule de Stokes (C) ou (D) est que cette intégrale ne varie point quand on déforme la cloison S sans déformer le contour C de cette cloison. Et la chose est évidente puisque le premier membre de la formule s'exprime par le second, qui ne dépend que du contour C. L'intégrale double en litige est invariante pour les déformations de S; elle constitue un *invariant intégral* ou du moins un exemple des plus simples de ces invariants qui se sont introduits sous des physionomies beaucoup plus générales et complexes en diverses disciplines analytiques, mécaniques et physiques([1]).

Une intégrale double

$$\int\int_S (\alpha F + \beta G + \gamma H)\, d\sigma \tag{7}$$

n'est pas identifiable, en général, avec le premier membre de (D). Il faut, pour cela, que l'on ait

$$\text{(E)} \qquad \left\{ \begin{aligned} \frac{\partial R}{\partial y} - \frac{\partial Q}{\partial z} &= F, \\ \frac{\partial P}{\partial z} - \frac{\partial R}{\partial x} &= G, \\ \frac{\partial Q}{\partial x} - \frac{\partial P}{\partial y} &= H, \end{aligned} \right.$$

ce qui entraîne

$$\text{(F)} \qquad \frac{\partial F}{\partial x} + \frac{\partial G}{\partial y} + \frac{\partial H}{\partial z} = 0.$$

Mais si cette relation (F) a lieu, l'identification de (7) avec le premier membre de (D) est possible, P, Q, R se déterminant au moyen du système (E) et par de simples

---

([1]) Si le terme *invariant intégral* n'est pas présenté ici avec le sens même qu'on lui donne en rattachant la chose aux équations différentielles ou au calcul des variations, les diverses acceptions possibles sont cependant intimement liées. (*Cf.* TH. DE DONDER, *Rendiconti di Palermo*, 1901, *Étude sur les invariants intégraux*, Chap. II: *Analogies*.)

quadratures. Ce sont encore là des résultats bien connus que nous nous bornons à rappeler.

4. Particularisation très importante de (D). — Reprenons la formule de Stokes (D) et posons-y

$$P = yN, \qquad Q = -xN, \qquad R = 0,$$

en désignant par N une fonction homogène, d'ordre -2, en x, y, z.

D'après le théorème d'Euler, on a donc

$$x\frac{\partial N}{\partial x} + y\frac{\partial N}{\partial y} + z\frac{\partial N}{\partial z} = -2N$$

et, dans ces conditions, la formule (D) devient

$$\int\int_S \frac{\partial N}{\partial z}(\alpha x + \beta y + \gamma z)\,d\sigma = \int_C N(y\,dx - x\,dy).$$

Par permutations circulaires et avec deux autres fonctions L, M analogues à N, on a deux autres formules telles que l'addition des trois donne

$$(\mathrm{G}) \quad 3\int\int_S \left(\frac{\partial L}{\partial x} + \frac{\partial M}{\partial y} + \frac{\partial N}{\partial z}\right)d\rho = \int_C \begin{vmatrix} dx & dy & dz \\ x & y & z \\ L & M & N \end{vmatrix}.$$

On voit que, pour abréger, on a posé

$$d\rho = \frac{1}{3}(\alpha x + \beta y - \gamma z)\,d\sigma,$$

mais ceci n'est pas seulement une question d'abréviation et $d\rho$ a une signification géométrique très remarquable. La distance de l'origine O au plan de l'élément $d\sigma$ est $(\alpha x + \beta y + \gamma z)$; donc $d\rho$ est le volume du cône élémentaire qui a pour sommet l'origine des coordonnées et pour base l'élément superficiel $d\sigma$ de la cloison S.

Rappelons-nous bien que *la formule* (G) *n'est exacte que si* L, M, N *sont des fonctions homogènes d'ordre* -2, dont une, deux ou toutes trois peuvent être identiquement nulles; de ce fait, elle peut sembler très particulière par rapport à (D), mais nous verrons qu'elle n'en comporte pas moins une foule d'applications géométriques.

5. Extensions de la formule de Stokes. — Les raisonnements faits précédemment avec deux et trois variables peuvent évidemment s'étendre sans peine au cas de variables en nombre quelconque; d'où, tout naturellement, des extensions de la formule de Stokes dans l'hyperespace. Mais, dans cet opuscule, nous avons surtout en vue des questions à caractère géométrique tangible; aussi allons-nous étendre la formule de Stokes sans sortir de l'espace ordinaire et ce en ayant recours à des notions de *courbure* et de *contact*.

Partons encore de l'identité fondamentale (A) et, au lieu de (1) ou (3), considérons la transformation

$$X = X(x, y, z, p, q), \qquad Y = Y(x, y, z, p, q),$$

qui n'est bien qu'une transformation à deux variables si le z qui y figure appartient à une surface

$$z = f(x, y) \tag{8}$$

et si

$$p = \frac{\partial z}{\partial x}, \qquad q = \frac{\partial z}{\partial y}.$$

D'ailleurs, nous poserons aussi, conformément à l'usage,

$$r = \frac{\partial^2 z}{\partial x^2}, \qquad s = \frac{\partial^2 z}{\partial x \partial y}, \qquad t = \frac{\partial^2 z}{\partial y^2}.$$

A une cloison S, de (8), peut correspondre l'aire s de l'identité (A). La transformation ci-dessus change l'intégrale double de (A) en une autre intégrale, étendue à S, laquelle intégrale contient $dx\,dy$ et le déterminant

$$\begin{vmatrix} X'_x + pX'_z + rX'_p + sX'_q & X'_y + qX'_z + sX'_p + tX'_q \\ Y'_x + pY'_z + rY'_p + sY'_q & Y'_y + qY'_z + sY'_p + tY' \end{vmatrix}$$

qui peut s'écrire

$$\Delta = \begin{vmatrix} s & t & 0 & 0 & -1 \\ r & s & 0 & -1 & 0 \\ p & q & -1 & 0 & 0 \\ \dfrac{\partial}{\partial x} & \dfrac{\partial}{\partial y} & \dfrac{\partial}{\partial z} & \dfrac{\partial}{\partial p} & \dfrac{\partial}{\partial q} \\ P & Q & R & S & T \end{vmatrix}$$

si l'on pose

$$P = XY'_x, \qquad Q = XY'_y, \qquad R = XY'_z, \qquad S = XY'_p, \qquad T = XY'_q.$$

Par suite, l'identité (A) se change en

$$(\mathrm{H}) \quad \iint_{S} \Delta\, dx\, dy = \int_{C} \mathrm{P}\, dx + \mathrm{Q}\, dy + \mathrm{R}\, dz + \mathrm{S}\, dp + \mathrm{T}\, dq.$$

C'est la formule que nous voulions obtenir; C y désigne naturellement le contour de la cloison S. Cette formule (H) n'a pas encore toute sa généralité si P, Q, R, S, T n'ont d'autres significations que celles qui viennent d'être indiquées; mais, en répétant le raisonnement fait à la fin du paragraphe 2, on verra de même que ces cinq fonctions peuvent être absolument quelconques. Bref, à l'avenir, nous aurons à nous représenter une formule (H) en laquelle Δ sera le déterminant symbolique du cinquième ordre écrit quatre lignes avant (H), déterminant en lequel chacune des fonctions P, Q, R, S, T dépendra d'une manière quelconque de x, y, z, p, q.

6. **Nouvel exemple d'invariant intégral.** — Imaginons que la cloison S, sur laquelle est prise l'intégrale double de (H), soit déformée sans altération ni du contour C *ni d'aucun des plans tangents menés à* S *le long de* C. Alors P, Q, R, S, T, qui ne dépendent que de x, y, z, p, q, sont les mêmes, *sur* C, quelle que soit la cloison considérée et, par suite, l'intégrale double de (H) est invariante pour les déformations en question; elle est, en effet, toujours égale au second membre de (H), qui est manifestement invariant dans les circonstances envisagées. Nous venons de construire ainsi un invariant intégral relatif à toutes les cloisons qui sont limitées à un même contour C et sont toutes, les unes avec les autres, en contact du premier ordre le long de ce contour. Un tel ensemble de cloisons est évidemment plus particulier que celui formé par des cloisons qui passent simplement par un contour sans aucune condition de contact, et à ce point de vue on pourrait prétendre que la formule (H) est plutôt une particularisation qu'une extension de la formule de Stokes (C). Mais ce ne serait guère là qu'une querelle de mots; ce qui porte plutôt à considérer (H) comme une extension de (C), c'est que, dans certaines questions élevées, par exemple dans l'étude des équations de Monge-Ampère (Chap. IV), la formule (H) permet manifestement d'étendre et de généraliser des aperçus que (C) ne donnerait qu'en des domaines beaucoup plus élémentaires comme celui des équations linéaires aux dérivées partielles du premier ordre.

Terminons par une remarque qui s'impose, bien qu'elle soit inutile pour la suite.

En poursuivant les raisonnements qui ont donné (C), puis (H), on pourrait construire une formule qui ferait connaître un invariant intégral relatif à toutes les cloisons passant par un contour en ayant, entre elles, tout le long de ce contour, des contacts du second ordre. Et ainsi de suite.

7. Intervention de la notion de courbure. — Considérons d'abord un arc *plan* AB; la *courbure* d'un élément de cet arc est mesurée par l'angle des tangentes ou des normales aux extrémités de l'élément et, pour l'arc fini AB, il y a une courbure finie, une courbure intégrale mesurée, par suite, par l'angle des tangentes en A et B.

Donc tous les arcs AB ayant mêmes extrémités A, B et mêmes tangentes en A et B ont même courbure finie.

Au paragraphe précédent nous venons de constater quelque chose d'analogue quant aux surfaces; nous avons construit des cloisons S pour lesquelles l'intégrale double de (H) est invariante quand ces cloisons se déforment avec conservation du contour, et des plans tangents le long de ce contour; cette intégrale double peut donc être comparée à la courbure finie d'un arc plan. En fait, au Chapitre III, nous retrouverons les plus remarquables formules, proposées pour l'évaluation de la courbure finie d'une cloison, comme cas particuliers de (H) ou de la transformation (J) de (H) que nous allons indiquer.

8. Transformation de (H) par l'introduction des cosinus directeurs de la normale à S. — La formule de Stokes (C) gagne beaucoup en élégance quand on l'écrit sous la forme (D) en introduisant les cosinus directeurs α, β, γ de la normale à S. Il y a un résultat tout à fait analogue à obtenir pour (H). En posant

$$\Delta = \begin{vmatrix} \alpha'_x & \alpha'_y & \alpha'_z & -1 & 0 & 0 \\ \beta'_x & \beta'_y & \beta'_z & 0 & -1 & 0 \\ \gamma'_x & \gamma'_y & \gamma'_z & 0 & 0 & -1 \\ \alpha & \beta & \gamma & 0 & 0 & 0 \\ \frac{\partial}{\partial x} & \frac{\partial}{\partial y} & \frac{\partial}{\partial z} & \frac{\partial}{\partial \alpha} & \frac{\partial}{\partial \beta} & \frac{\partial}{\partial \gamma} \\ P & Q & R & S & T & U \end{vmatrix},$$

on a la formule

$$\text{(J)} \qquad \int\int_S \Delta\, d\sigma = \int_C P\, dx + Q\, dy + R\, dz + S\, d\alpha + T\, d\beta + U\, d\gamma,$$

en laquelle α, β, γ sont considérés comme fonctions de x, y, z. Quant à P, Q, R, S, T, U, ce sont des fonctions indépendantes dont chacune peut contenir x, y, z, α, β, γ.

Nous laissons au lecteur le soin de démontrer (J) par une voie tout à fait analogue à celle qui a permis de démontrer (H); ceci en partant toujours de (A).

(J) a été écrite pour la première fois dans l'*Intermédiaire des Mathématiciens* (1916, p. 168); on en trouvera une démonstration détaillée dans les Mémoires des *Annales de la Faculté des Sciences de Toulouse*, particulièrement dans le cinquième Mémoire (2e série, t. VII, 1915).

On peut faire sur (J) toutes les remarques géométriques faites sur (H); (J) contient notamment une remarquable formule de M. Paul Appell, dont il sera question au Chapitre III.

9. Cas des intégrales multiples. — Imaginons que l'on remplace l'identité (A) par

$$\int\int\int_v dX\, dY\, dZ = \int\int_s X\, dY\, dZ,$$

où v est un volume contenu dans la surface fermée s. Imaginons même des identités analogues dans l'hyperespace. La méthode des changements de variables, indiquée en ce qui précède, permettra de déduire desdites identités des formules du type stokien où figureront des intégrales multiples quelconques à déterminants contenant non pas une, mais deux, trois, ... lignes d'opérateurs de dérivation.

La théorie que l'on peut constituer ainsi remonte à Pfaff, Grassmann, ...; elle a été reprise par M. E. Cartan (*Annales de l'École Normale*, 1899, 1901) et par M. E. Goursat (*Annales de Toulouse*, 1915). Elle est ainsi mise en relation avec la théorie déjà mentionnée des invariants intégraux, due à Poincaré, et avec la réduction aux formes canoniques de différentielles quelconques (problème de Pfaff). Ces questions exigent un choix judicieux de notations; les déterminants symboliques ici employés n'offrent aucun avantage fondamental sur celles de MM. Goursat et Cartan. Nous les utilisons surtout en vue d'applications qui seront ainsi traitées dans le style où l'on applique d'ordinaire, en Géométrie, en Mécanique ou en Physique, l'habituelle formule de Stokes (C) ou (D).

Pour la théorie des invariants intégraux, on consultera avec fruit l'exposé de Poincaré (*Méthodes nouvelles*, t. III) et les Mémoires fondamentaux de M. Th. de Donder (*Rendiconti del Circolo di Palermo*, 1901, 1902). Ces travaux contiennent la bibliographie du sujet telle qu'elle pouvait être faite en 1902. Comme nous l'avons dit dans l'Introduction, ceci nous dispense de citer en détail des publications dues à MM. Appell, Kœnigs, Zorawski, Vessiot, Buhl, etc.

S. Lie, après avoir critiqué injustement la théorie, y a apporté ensuite d'élégantes et très importantes contributions (*Videnskabsselskabets Skrifter*, Christiania, 1902).

Le Mémoire de M. Goursat (*Toulouse*, 1915) contient aussi une bibliographie détaillée quant aux années immédiatement précédentes. Bien que nous ne nous placions ici qu'aux points de vue analytique et géométrique, il est à peu près impossible de ne point mentionner l'importance que ces théories ont prises et qu'elles prennent, d'ailleurs, de plus en plus, au point de vue physique.

La formule de Stokes, comme il est bien connu, a une origine physique que l'on peut déjà reconnaître dans l'Électrodynamique d'Ampère. Elle a la symétrie d'un moment et ses extensions continuent naturellement à coïncider avec les extensions des théories physiques à forme vectorielle. Les formes symboliques de différentielles maniées par MM. Goursat, de Donder, Cartan semblent conduire maintenant, de la manière la plus naturelle, aux théories tensorielles d'Einstein. Nous nous déchargerons encore du souci d'un grand nombre de citations bibliographiques en renvoyant à la *Théorie du champ électromagnétique de Maxwell-Lorentz et du champ gravifique d'Einstein* de M. Th. de Donder (Gauthier-Villars, 1920), qui permet d'apercevoir une forme simple et extrêmement féconde pour des vues qui jusqu'ici empruntaient un aspect plutôt nébuleux aux théories relativistes. (*Cf.* J. Larmor, *Times*, 7 janvier 1920.)

Il est d'ailleurs impossible de conclure de manière ferme au sujet de ces résultats, qui semblent actuellement pouvoir apporter du jour au lendemain les plus abondantes et surprenantes moissons. (*Cf.* Th. de Donder et H. Vanderlinden; G. Cerf, *Comptes rendus*, 10 mai 1920.)

CHAPITRE II.

GÉOMÉTRIE DE LA FORMULE DE STOKES. TRAVAUX DE MM. G. HUMBERT ET G. KOENIGS.

1. Fonctions de ligne. — Il est fort simple de se représenter des êtres géométriques, des volumes, par exemple, qui semblent dépendre de certaines cloisons limitrophes S et qui ne dépendent en réalité que du contour C de S; ces êtres sont des fonctions de C, des *fonctions de ligne*, pour employer une terminologie qui a acquis une grande importance de par les travaux de MM. V. Volterra (1), J. Hadamard, P. Lévy, etc.

Soient notamment deux solides, limités à une même facette gauche ou cloison S, tels deux cônes qui auraient S pour même base gauche mais dont les sommets seraient différents. Le volume de chacun de ces solides dépend de S, mais *leur différence* ne dépend que du contour C, car déformer S ne fait qu'ajouter aux deux volumes *un même* volume de forme lenticulaire. Et, si les deux volumes sont exprimés par des intégrales doubles attachées à S, on doit s'attendre à ce que a formule de Stokes exprime leur différence par une intégrale de ligne attachée à C.

Développons cette première conception en attendant de recourir à d'autres.

2. Volumes cylindriques. — Une cloison S étant rapportée à trois axes rectangulaires $Oxyz$, projetons-la sur Oxy. Nous pourrons obtenir ainsi le volume classique qui est limité, en haut, par S, en bas par le plan Oxy, et latéralement par les projetantes du contour C de S. Nous désignerons ce volume par U_z, l'indice z rappelant que les projetantes laté-

(1) Pour les fonctions de lignes entendues comme il est indiqué ici, *voir* l'ouvrage de M. V. Volterra : *Leçons sur l'intégration des équations différentielles aux dérivées partielles* (Upsal, 1906; Paris, A. Hermann, 1912).

rales sont parallèles à Oz. On imaginera, de même, des volumes U_x et U_y attachés à S.

En désignant toujours par α, β, γ les cosinus directeurs de la normale à S, on a

$$U_x = \int\int_S \alpha x \, d\sigma, \qquad U_y = \int\int_S \beta y \, d\sigma, \qquad U_z = \int\int_S \gamma z \, d\sigma.$$

La différence

$$U_x - U_y = \int\int_S (\alpha x - \beta y) \, d\sigma$$

est, ainsi qu'on devait le pressentir, une intégrale double identifiable avec le premier membre de la formule de Stokes (D). Nous trouverons P, Q, R par le système (E) en lequel

$$F = x, \qquad G = -y, \qquad H = 0.$$

Nous aurons ainsi

$$P = 0, \qquad Q = 0, \qquad R = xy.$$

et définitivement

$$(1) \qquad \left\{ \begin{aligned} U_x - U_y &= \int_C xy \, dz, \\ U_y - U_z &= \int_C yz \, dx, \\ U_z - U_x &= \int_C zx \, dy. \end{aligned} \right.$$

Les deux dernières de ces égalités ont été adjointes à la première par de simples permutations circulaires. Ces trois formules (1) ne sont pas distinctes, leur addition donnant l'identité $0 = 0$ du fait que la somme des trois intégrales de ligne porte sur une différentielle exacte, celle du produit xyz. Notons aussi qu'on pourrait les obtenir par un raisonnement géométrique particulier mais peu propre à laisser apercevoir les généralités du paragraphe 1 (*Nouvelles Annales de Mathématiques*, 4e série, t. **12**, 1912).

3. Application à la courbe sphérique de Viviani. — Soit la courbe sphérique bien connue et très suffisamment rappelée par la figure 1 qui représente, en AMB, le quart de la courbe complète. Si R est le rayon de la sphère, cette courbe a pour équations

$$x = R\cos^2\theta, \qquad y = R\cos\theta\sin\theta, \qquad z = R\sin\theta.$$

Pour cloison S nous prendrons la demi-feuille AMBA et rappellerons qu'un calcul d'intégrale double, classique et extrêmement simple, donne

$$U_z = \left(\frac{\pi}{6} - \frac{2}{9}\right) R^3.$$

C'est d'ailleurs là un théorème archaïque auquel se mêlent les noms de Pappus, Viviani, Bossut, Euler, ...

Fig. 1.

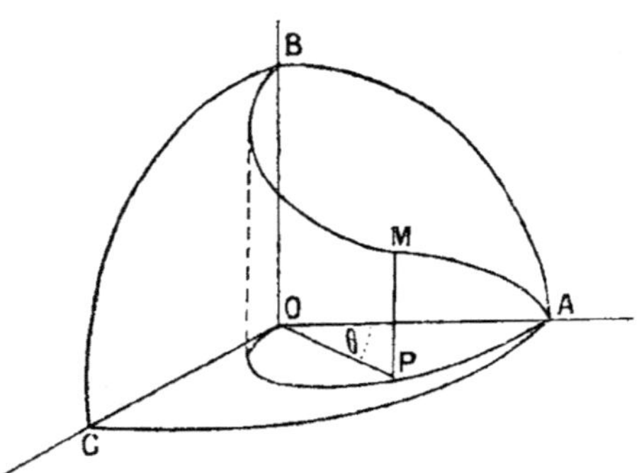

Cherchons maintenant les volumes U_x et U_y attachés à la même cloison S. Il n'y a plus besoin de considérer d'intégrale double, les formules (1) donnant

$$U_x - U_y = \quad R^3 \int_0^{\frac{\pi}{2}} \cos^4\theta \sin\theta \, d\theta \quad = \quad \frac{1}{5} R^3,$$

$$U_y - U_z = -2R^3 \int_0^{\frac{\pi}{2}} \cos^2\theta \sin^3\theta \, d\theta \quad = -\frac{4}{15} R^3,$$

$$U_z - U_x = \quad R^3 \int_0^{\frac{\pi}{2}} \cos^4\theta \sin\theta \cos 2\theta \, d\theta = \frac{1}{15} R^3.$$

On remarquera que la somme des trois derniers membres est nulle conformément à la remarque faite à la fin du paragraphe précédent.

Et de la connaissance de U_z, nous déduisons maintenant

$$U_x = \left(\frac{\pi}{6} - \frac{13}{45}\right) R^3, \quad U_y = \left(\frac{\pi}{6} - \frac{22}{45}\right) R^3, \quad U_z = \left(\frac{\pi}{6} - \frac{10}{45}\right) R^3.$$

Si ces volumes sont enlevés du huitième de sphère OABC, les excès restants sont respectivement

$$\frac{13}{45} R^3, \qquad \frac{22}{45} R^3, \qquad \frac{10}{45} R^3.$$

La somme de ces excès est R^3. C'est le théorème de Sorano ([1]). De tels résultats pourraient être généralisés, notamment en remplaçant le cercle APO par des courbes $r^m = R^m \cos n\theta$, mais il est clair que l'intérêt ne consiste pas dans l'obtention de nombreux résultats numériques analogues à ceux qui viennent d'être obtenus; il consiste dans l'intervention de la formule de Stokes dans ces problèmes d'abord fort élémentaires en attendant qu'elle intervienne dans des questions de plus en plus élevées et modernes.

4. Volumes cylindro-coniques. — Considérons toujours la cloison S et joignons à l'origine tous les points de son contour C; nous enfermerons ainsi un volume conique

$$V_0 = \frac{1}{3} \int \int_S (\alpha x + \beta y + \gamma z)\, d\sigma.$$

Donc

$$3 V_0 = U_x + U_y + U_z,$$

mais on peut aussi calculer V_0 sans passer par l'obtention préliminaire de U_x, U_y, U_z.

D'après les généralités du paragraphe 1, la différence

$$U_z - V_0 = \frac{1}{3} \int \int_S (-\alpha x - \beta y + 2\gamma z)\, d\sigma$$

ne doit dépendre que du contour C et, en fait, la dernière intégrale double est identifiable avec celle de la formule de

([1]) Un théorème de ce genre pourrait soulever de lointaines recherches de priorité à l'instar de résultats obtenus au XVIIe siècle et qui étaient peut-être connus de Pappus; je propose la dénomination indiquée en mémoire de A. Sorano (1892-1915), élève de la Faculté des Sciences de Toulouse, tué à l'ennemi. A. B.

Stokes (D). On a alors dans le système (E)

$$F = -x, \qquad G = -y, \qquad H = 2z;$$

d'où

$$P = -zy, \qquad Q = zx, \qquad R = 0.$$

Donc

$$(2) \qquad U_z - V_0 = \frac{1}{3}\int_C z(x\,dy - y\,dx) = \frac{1}{3}\int_C z r^2\,d\theta.$$

La connaissance du volume cylindrique U_z attaché à S permet, on le voit, de déterminer les volumes coniques V_0 sans nouvelle considération d'intégrale double.

Appliquons tout de suite la formule (2) à la courbe de Viviani. Sur la figure 1, on imagine aisément le cône de volume V_0, cône qui a pour sommet O et pour base la cloison AMBA. En prenant $r = R\cos\theta$, $z = R\sin\theta$ pour équations semi-polaires de la courbe, (2) donne

$$U_z - V_0 = \frac{R^3}{3}\int_0^{\frac{\pi}{2}} \sin\theta\cos^2\theta\,d\theta = \frac{R^3}{9}.$$

Puisque (§ 3)

$$U_z = \left(\frac{\pi}{6} - \frac{2}{9}\right)R^3, \qquad \text{on a} \qquad V_0 = \frac{1}{3}\left(\frac{\pi}{2} - 1\right)R^3.$$

Comme la cloison S ou AMBA est sphérique, son aire, de ce fait, est

$$\left(\frac{\pi}{2} - 1\right)R^2.$$

Il s'ensuit que *l'aire sphérique* ACBMA *est* R^2. C'est le théorème de Viviani ([1]). Et ici, nous sommes déjà dans un cas qui peut être lié à des recherches très modernes. Reprenons (2) et supposons que le contour fermé C soit formé d'un seul arc ou d'une succession d'arcs tels que le long de chacun $z(x\,dy - y\,dx)$ soit une différentielle en z d'aspect simple; à de tels contours, une fois cloisonnés, on pourra attacher des volumes U_z et V_0 en relation particulièrement

---

([1]) D'après la relation liant V_0 et U_x, U_y, U_z, le théorème de Sorano se déduit immédiatement du théorème de Viviani, mais la réciproque est tout aussi vraie et les deux théorèmes semblent mériter d'être maintenus, au moins en tant qu'énoncés. Un volume R^3 obtenu uniquement par des combinaisons de volumes est exactement aussi remarquable qu'une aire R^2.

simple. Parmi les arcs à utiliser ainsi, il faut notamment signaler ceux des courbes pour lesquelles on a

$$x\,dy - y\,dx = k\,dz.$$

Ces courbes ont été étudiées par Chasles, puis par MM. P. Appell et E. Picard dans leurs Thèses (*Annales de l'École Normale*, 1876-1877); on en connaît un grand nombre de propriétés géométriques comme, par exemple, d'être les lignes asymptotiques des conoïdes droits d'axe Oz, mais leurs propriétés intégrales ont été moins examinées que leurs propriétés différentielles.

5. **Angles spatiaux.** — Soient un contour C et un point quelconque O que nous prendrons pour origine des coordonnées. Le cône de sommet O et de directrice C découpe sur une sphère de centre O et de rayon unité une aire qui définit et mesure l'angle *spatial* (ou *solide*, ou *conique*, ou *sphérique*) sous lequel, de O, on voit le contour fermé C. On voit l'analogie de définition avec l'angle plan mesuré par un arc de cercle centré au sommet de l'angle.

Effectuons la mesure de notre angle spatial. Jetons une cloison quelconque S sur le contour C. Soient $M(x, y, z)$ un point de cette cloison, $d\sigma$ l'élément superficiel et α, β, γ les cosinus directeurs de la normale en M. Soit aussi $r = OM$. Le cône élémentaire de sommet O et de base $d\sigma$ découpe sur la sphère de centre O une aire élémentaire

$$\frac{\alpha x + \beta y + \gamma z}{r}\,\frac{d\sigma}{r^2}$$

et, par suite, l'angle spatial à évaluer est

$$(3) \qquad \Omega = \int\!\!\int_S \frac{1}{r^3}(\alpha x + \beta y + \gamma z)\,d\sigma.$$

Or, dans ce raisonnement, la cloison S ne joue qu'un rôle intermédiaire que toute cloison de même contour C pourrait jouer. Il est donc à prévoir que Ω ne dépendra que du contour C qui est d'ailleurs la seule donnée nécessaire pour la génération de l'angle spatial de sommet O. En fait, l'intégrale double de (3) satisfait à la condition (F) et elle est, par suite, identifiable avec le premier membre de la formule de Stokes (D). Mais nous sommes ici dans un premier cas où il n'y a point besoin de recourir à (D) dans toute sa généralité;

la formule (G) suffira. L'identification du second membre de (3) avec le premier membre de (G) donne l'égalité

$$\frac{\partial L}{\partial x} + \frac{\partial M}{\partial y} + \frac{\partial N}{\partial z} = \frac{1}{r^3},$$

en laquelle L, M, N doivent naturellement être des fonctions homogènes d'ordre -2, ce qui doit toujours être dans la formule (G). On a une solution parfaitement symétrique en prenant

$$L = \frac{x}{3r(y^2+z^2)}, \qquad M = \frac{y}{3r(z^2+x^2)}, \qquad N = \frac{z}{3r(x^2+y^2)};$$

d'où, d'après (G),

$$(4) \qquad \Omega = \frac{1}{3}\int_C \frac{1}{r} \begin{vmatrix} dx & dy & dz \\ x & y & z \\ \dfrac{x}{y^2+z^2} & \dfrac{y}{z^2+x^2} & \dfrac{z}{x^2+y^2} \end{vmatrix}.$$

Mais, comme nous l'avons dit en formant (G), on peut, en prenant nulles deux des fonctions L, M, N, sacrifier la symétrie à la simplicité et écrire l'une des trois formules

$$(5) \qquad \left\{ \begin{aligned} \Omega &= \int_C \frac{z}{r}\,\frac{y\,dx - x\,dy}{x^2+y^2}, \\ \Omega &= \int_C \frac{x}{r}\,\frac{z\,dy - y\,dz}{y^2+z^2}, \\ \Omega &= \int_C \frac{y}{r}\,\frac{x\,dz - z\,dx}{z^2+x^2}. \end{aligned} \right.$$

Par addition, ces formules redonnent (4). Les unes ou les autres contiennent inévitablement l'irrationnelle

$$r = \sqrt{x^2+y^2+z^2},$$

et ceci n'est pas en faveur d'une théorie simple des angles spatiaux; quand on essaye de généraliser, pour ces angles, les théorèmes les plus simples relatifs aux angles plans, on se heurte à d'énormes difficultés. Un angle plan peut se mesurer de manières diverses; il est mesurable par la demi-différence des arcs qu'il découpe sur une circonférence non centrée au sommet de l'angle et nous verrons que cette idée a été reprise dans l'espace, avec la sphère, par M. G. Humbert, mais pour aboutir à des intégrales de ligne *de constitution rationnelle*, intégrales qui, par suite, diffèrent essentiellement de (4) ou (5).

M. M. d'Ocagne, dans le *Bulletin de la Société mathématique* (1884-1885 et 1888-1889), a donné une théorie générale des *trajectoires isométriques* qui comprend, en particulier, la détermination de courbes planes, sur lesquelles deux mêmes rayons vecteurs interceptent des arcs égaux. L'une de ces courbes pouvant être un cercle, centré au sommet de l'angle des deux rayons considérés, les courbes associées à ce cercle — dont l'existence se conçoit d'ailleurs intuitivement — font concevoir la possibilité de mesurer un angle plan tout autrement que par arcs de cercle.

Or il y a des choses analogues dans l'espace. Un cône peut déterminer, sur une sphère centrée au sommet et sur d'autres surfaces Σ, des cloisons équivalentes; cela se conçoit intuitivement et la recherche des surfaces Σ paraît même, au premier abord, fort indéterminée; mais on pourrait la préciser en recherchant, par exemple, les surfaces Σ *algébriques* et, plus particulièrement encore, celles qui sont aussi simples que possible après la sphère. A cet égard, nous ne pouvons donner que le théorème suivant, mais celui-ci est suffisamment intéressant pour donner l'envie de poursuivre de telles recherches.

Une lemniscate de Bernoulli, de centre O, *et le cercle concentrique circonscrit, tournant autour d'une droite de leur plan passant par* O, *engendrent respectivement une surface de révolution* Σ *et une sphère. Si un cône, de sommet* O, *à directrice fermée quelconque, détermine une cloison sur la sphère et une autre sur* Σ, *ces cloisons sont équivalentes en aire* (1).

Nous bornerons là ces aperçus concernant les angles spatiaux proprement dits; quant à leurs rapports avec les questions de Physique mathématique, nous renverrons au *Traité d'Analyse* de M. Emile Picard (2e édition, t. 1, p. 134-136).

6. Aires sphéro-coniques. — Comme nous venons de le remarquer au paragraphe précédent, un angle plan est mesurable par la demi-différence (ou la demi-somme) des arcs

(1) *Sur les transformations et extensions de la formule de Stokes.* Quatrième Mémoire (*Annales de la Faculté des Sciences de Toulouse*, 1914).

qu'il découpe sur une circonférence centrée de manière quelconque dans le plan de l'angle. Y a-t-il un résultat analogue, dans l'espace, en remplaçant l'angle par un cône et le cercle par une sphère? Cette question a été complètement élucidée, par M. G. Humbert, dans un fort élégant Mémoire du *Journal de Mathématiques* (1888). Soit (*fig.* 2) un cône quel-

Fig. 2.

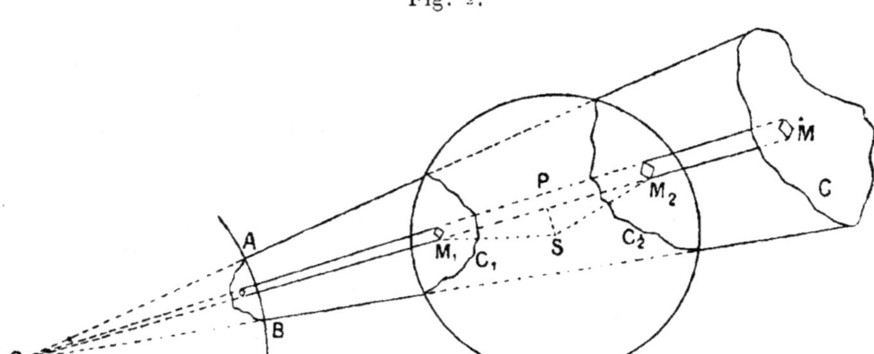

conque OC. A partir de O il détermine, en AB, sur une sphère de centre O et de rayon 1, une cloison d'aire Ω; il pénètre ensuite dans la sphère $S(a, b, c)$, suivant un contour C_1 enfermant une aire σ_1, puis sort par C_2 enfermant σ_2. Par considération du cône élémentaire OM, on a

$$d\Omega = \frac{d\sigma_2 \cos \mathrm{PM}_2\mathrm{S}}{\overline{\mathrm{OM}}_2^2} = \frac{d\sigma_1 \cos \mathrm{PM}_1\mathrm{S}}{\overline{\mathrm{OM}}_1^2} = \frac{d\sigma_2 - d\sigma_1}{\overline{\mathrm{OM}}_2^2 - \overline{\mathrm{OM}}_1^2} \cos \mathrm{PM}_2\mathrm{S}$$

De plus,

$$2\mathrm{R} \cos \mathrm{PM}_2\mathrm{S} = \mathrm{OM}_2 - \mathrm{OM}_1.$$

Par suite, avec $r = \mathrm{OM}$ et x, y, z pour coordonnées de M, on a

$$d(\sigma_2 - \sigma_1) = 4\mathrm{R}.\mathrm{OP}.d\Omega = \frac{4\mathrm{R}}{r}(ax + by + cz)\,d\Omega.$$

Donc

$$\sigma_2 - \sigma_1 = 4\mathrm{R}\int\int_\Omega \frac{ax + by + cz}{r}\,d\Omega.$$

Soit $G(X, Y, Z)$ le centre de gravité de l'aire sphérique Ω située en AB; de

$$\Omega X = \int\int_\Omega \frac{x}{r}\,d\Omega, \qquad \Omega Y = \int\int_\Omega \frac{y}{r}\,d\Omega, \qquad \Omega Z = \int\int_\Omega \frac{z}{r}\,d\Omega,$$

on conclut

$$\sigma_2 - \sigma_1 = 4R(aX + bY + cZ)\Omega.$$

Cette formule montre déjà que si l'on déplace la sphère S, en lui laissant un rayon R constant, $\sigma_2 - \sigma_1$ ne reste pas constant, en général. La constance n'est assurée que si le centre S décrit un plan perpendiculaire à la droite OG dite *axe d'orientation* du cône; nous dirons aussi, avec M. Humbert, que le plan mené par O, normalement à OG, est le *plan d'orientation*.

La distance de $S(a, b, c)$ au plan d'orientation est

$$\delta = \frac{aX + bY + cZ}{g}, \qquad \text{si} \qquad g = OG,$$

et enfin

$$(6) \qquad \sigma_2 - \sigma_1 = 4g\Omega R\delta.$$

Toujours, d'après M. Humbert, le produit $2g\Omega$ est le *module* du cône. Il est clair que ce module, de même que l'axe ou le plan d'orientation, sont choses inhérentes au cône et complètement indépendantes du choix des coordonnées et du choix de la sphère S.

De (6) on conclut maintenant que la différence $\sigma_2 - \sigma_1$ peut rester inaltérée par déplacement de S et variation de R, *pourvu que le produit* $R\delta$ *reste constant*. Les mots soulignés n'ayant point d'analogues dans le cas du plan, on voit nettement la différence entre ce cas et le cas spatial. Notons aussi que la formule (6) doit être considérée comme homogène car le module $2g\Omega$, ayant été calculé pour la sphère OAB de rayon 1, doit être assimilé à un coefficient numérique.

Cette si intéressante formule (6) ne révèle cependant pas, à première vue, la véritable nature analytique de $\sigma_2 - \sigma_1$; on pourrait croire, par exemple, que cette différence est plus compliquée que le facteur Ω considéré seul, c'est-à-dire plus compliquée que la notion d'angle spatial. Or, c'est le contraire qui a lieu.

Reprenons l'égalité qui nous a d'abord donné $\sigma_2 - \sigma_1$ sous forme d'intégrale double.

Cette intégrale double est relative à la cloison Ω située en AB; essayons de remplacer celle-ci par une cloison S jetée de manière quelconque sur le contour C. Le point M sera pris sur S et nous aurons en M un élément superficiel $d\sigma$ avec une normale de cosinus directeurs α, β, γ. On obtiendra

$$d\Omega = \frac{\alpha x + \beta y + \gamma z}{r}\,\frac{d\sigma}{r^2};$$

d'où

$$\sigma_2 - \sigma_1 = 4R \int\int_S \frac{ax + by + cz}{r^4} (\alpha x + \beta y + \gamma z)\, d\sigma.$$

Or il y a encore là une intégrale double transformable par la formule de Stokes réduite à la forme (G). Sans la moindre difficulté, on a définitivement

$$(7) \qquad \sigma_2 - \sigma_1 = 2R \int_C \frac{1}{r^2} \begin{vmatrix} dx & dy & dz \\ a & b & c \\ x & y & z \end{vmatrix},$$

en posant toujours $r^2 = x^2 + y^2 + z^2$.

Cette formule a été établie par M. Humbert au moyen de considérations géométriques directes.

Tel est ce qu'il y a d'absolument essentiel dans le sujet, mais l'espace nous manque pour reproduire les nombreux et élégants théorèmes que l'éminent géomètre a tirés des formules (6) et (7).

L'étude peut s'étendre au cas où le cône est remplacé par une développable, par un conoïde, par une quadrique, par certains faisceaux de surfaces *algébriques* (*loc. cit.*, 1890, p. 241). Dans ce dernier cas, elle fait partie de savantes et admirables recherches sur les extensions spatiales du théorème d'Abel.

7. **Volumes canaux.** — Un contour fermé C, que l'on déplace de manière quelconque, permet de définir un *volume canal:* au premier abord, il semble qu'on n'obtienne rien d'autre qu'un canal ouvert aux deux bouts et l'on ne voit pas exactement ce que peut être le volume y inclus. Celui-ci sera le volume V balayé par une cloison S établie de manière quelconque mais invariable sur C. *Ce volume* V *ne dépend pas du choix de* S, car faire varier S revient à transporter un certain volume lenticulaire d'un bout à l'autre du canal.

Si donc on exprime V par une intégrale double attachée à S, nous sommes dans un nouveau cas où l'on peut pressentir que la formule de Stokes permettra de remplacer cette intégrale double par une intégrale de ligne.

Ces remarques sont de M. G. Kœnigs (*Comptes rendus*, 1888; *Journal de Mathématiques*, 1889).

Le Mémoire de 1889 contient même, à notre connaissance, les premiers exemples d'applications systématiques, dans le domaine géométrique, de la formule de Stokes (D).

M. Kœnigs, à l'aide des formules générales de la cinématique, part d'un mouvement quelconque de C.

Mais les théorèmes les plus particulièrement élégants ne correspondent pas à ce cas. Limités comme nous le sommes ici, nous n'appliquerons les méthodes de M. Kœnigs qu'au cas où le contour C fait une révolution complète autour d'un axe fixe ne passant pas dans C. Ce contour C n'est ainsi animé que d'un mouvement de rotation ; les V alors obtenus sont en forme de couronne et sont dits *volumes de révolution* ou *volumes tournants*.

Nous nous bornerons aussi aux cas où le contour C est préalablement tracé sur un plan, sur une quadrique quelconque et sur une sphère.

Soit AB l'axe de rotation, passant par $A(a, b, c)$ avec les cosinus directeurs λ, μ, ν. Représentons-nous d'abord C comme fixe, portant une cloison S fixe sur laquelle, en $M(x, y, z)$, nous distinguerons l'élément superficiel $d\sigma$ pourvu d'une normale de cosinus directeurs α, β, γ.

Cette normale faisant un angle θ avec la normale en M au plan MAB et P étant la projection de M sur AB, le volume tournant élémentaire engendré par $d\sigma$ est $2\pi\,\overline{\text{MP}}\cos\theta\, d\sigma$; d'où, pour le volume tournant total,

$$V = 2\pi \int\int_S \begin{vmatrix} \alpha & \beta & \gamma \\ \lambda & \mu & \nu \\ x-a & y-b & z-c \end{vmatrix} d\sigma. \tag{8}$$

Conformément à la remarque générale de M. Kœnigs, cette intégrale double est transformable par (D); mais on peut aussi l'étudier directement.

Considérons toujours le contour C fixé dans sa position initiale; la cloison S qu'il porte a pour projections :

Sur Oyz une aire A_x de centre de gravité $G_x(0, \eta_x, \zeta_x)$,
Sur Ozx » A_y » $G_y(\xi_y, 0, \zeta_y)$,
Sur Oxy » A_z » $G_z(\xi_z, \eta_z, 0)$.

Alors l'intégrale double de (8) peut s'écrire

$$\lambda \begin{vmatrix} A_z & A_y \\ \zeta_y & \eta_z \end{vmatrix} + \mu \begin{vmatrix} A_x & A_z \\ \xi_z & \zeta_x \end{vmatrix} + \nu \begin{vmatrix} A_y & A_x \\ \eta_x & \xi_y \end{vmatrix} - \begin{vmatrix} A_x & A_y & A_z \\ \lambda & \mu & \nu \\ a & b & c \end{vmatrix};$$

d'où, symboliquement,

$$(9) \qquad V = 2\pi \begin{vmatrix} \lambda & \mu & \nu \\ \xi_* - a & \eta_* - b & \zeta_* - c \\ A_x & A_y & A_z \end{vmatrix}.$$

Il faut convenir, dans le développement de ce déterminant, que les ξ, η, ζ, au lieu et place des astérisques, prennent les indices des A venant les multiplier.

Si l'axe de rotation passe par l'origine, le volume tournant correspondant V_0 s'obtient en annulant a, b, c dans (9). On a ensuite

$$V_0 - V = \begin{vmatrix} \lambda & \mu & \nu \\ a & b & c \\ A_x & A_y & A_z \end{vmatrix}.$$

Ceci montre de quelle manière très simple varie V quand l'axe de rotation est déplacé parallèlement à lui-même. En particulier, V *ne varie pas si l'axe décrit, parallèlement à lui-même, un plan parallèle au vecteur* A_x, A_y, A_z. Ce dernier est le *vecteur aréolaire* de M. Kœnigs.

Si V_x, V_y, V_z *sont les volumes tournants correspondant respectivement aux axes de rotation* Ox, Oy, Oz, *le volume tournant correspondant à l'axe* AB *passant par* O *est*

$$\lambda V_x + \mu V_y + \nu V_z.$$

Ainsi la connaissance des trois volumes tournants correspondant aux arêtes d'un trièdre trirectangle conduit immédiatement à la connaissance du V d'axe de rotation *quelconque*.

Si les aires *planes* A_x, A_y, A_z tournent autour de l'axe quelconque AB, les volumes tournants correspondants sont

$$(10) \qquad \begin{cases} W_x = 2\pi A_x[\mu(\zeta_x - c) - \nu(\eta_x - b)], \\ W_y = 2\pi A_y[\nu(\xi_y - a) - \lambda(\zeta_y - c)], \\ W_z = 2\pi A_z[\lambda(\eta_z - b) - \mu(\xi_z - a)]; \end{cases}$$

d'où, d'abord,

$$V = W_x + W_y + W_z.$$

Par les centres de gravité G_x, G_y, G_z des aires planes A_x, A_y, A_z, élevons des perpendiculaires à ces aires et soient δ_x,

δ_y, δ_z les plus courtes distances de ces droites à AB. On a

$$\mu(\zeta_x - c) - \nu(\eta_x - b) = \delta_x\sqrt{\nu^2 + \mu^2} = \delta_x \sin\theta_x,$$
$$\nu(\xi_y - a) - \lambda(\zeta_y - c) = \delta_y\sqrt{\lambda^2 + \nu^2} = \delta_y \sin\theta_y,$$
$$\lambda(\eta_z - b) - \mu(\xi_y - a) = \delta_z\sqrt{\mu^2 + \lambda^2} = \delta_z \sin\theta_z,$$

si θ_x, θ_y, θ_z sont les angles de AB avec Ox, Oy, Oz. D'après (10),

$$W_x = 2\pi\,\delta_x A_x \sin\theta_x,$$
$$W_y = 2\pi\,\delta_y A_y \sin\theta_y,$$
$$W_z = 2\pi\,\delta_z A_z \sin\theta_z.$$

L'une quelconque de ces égalités exprime ce théorème de M. Kœnigs :

Soient une aire plane A, une normale N en son centre de gravité, un axe Δ quelconque dans l'espace et δ la plus courte distance de N à Δ. Le volume engendré par l'aire A, tournant autour de Δ, est égal au produit de la circonférence $2\pi\delta$ par la projection de cette aire A sur le plan contenant Δ et δ.

Passons maintenant aux contours C tracés sur une quadrique ou même sur la surface :

$$z^2 = \alpha y^2 + 2\varphi(x). \tag{11}$$

Reprenons (8). Avec

$$\alpha\, d\sigma = -p\, dx\, dy, \qquad \beta\, d\sigma = -q\, dx\, dy, \qquad \gamma\, d\sigma = dx\, dy,$$
$$pz = \varphi'(x), \qquad qz = \alpha y$$

et l'axe de rotation étant Ox, on a

$$V_x = 2\pi(\alpha+1)\int\int_S y\, dx\, dy = (\alpha+1)A_{zx},$$

si A_{zx} est le volume engendré par l'aire plane A_z tournant autour de Ox. Donc :

Un contour C quelconque, tracé sur une surface (11), *et sa projection sur Oxy engendrent, en tournant autour de Ox, des volumes dont le rapport est constant.*

En particulier : *Une cloison située sur une quadrique et*

sa projection sur un plan principal donnent, en tournant autour d'un axe principal situé dans le plan principal considéré, des volumes de révolution de rapport constant. Ce rapport est nul quand la quadrique est de révolution autour dudit axe principal.

Donc, pour une quadrique à centre, rapportée à ses axes, nous aurons aisément V_x, V_y, V_z, d'où les V correspondant aux axes de rotation les plus quelconques. Pour plus de détails sur ces sujets et notamment pour le cas (sans difficulté) des quadriques non centrées, nous renverrons au *Bulletin des Sciences mathématiques* (1915 et 1916).

Pour le cas où C est tracé sur une sphère, nous allons donner un résultat tout à fait direct (*Comptes rendus*, 3 juin 1918).

Soit S une cloison sphérique, de contour C, appartenant à la sphère de centre O et de rayon R. La formule (8) donne

$$V = \frac{2\pi}{R}\int\int_S (a'x + b'y + c'z)\,d\sigma,$$

si

$$a' = \mu c - \nu b, \qquad b' = \nu a - \lambda c, \qquad c' = \lambda b - \mu a.$$

Soit ρ la distance de O à l'axe AB. Le point $D(a', b', c')$ est l'extrémité d'un segment OD égal à ρ et normal au plan OAB. Sur OD, soit D_1 centre d'une sphère S_1 de rayon R_1. Le cône de sommet O et de directrice C découpe sur S_1 deux aires σ_2 et σ_1 telles que

$$\sigma_2 - \sigma_1 = \frac{4R_1\rho_1}{R^3\rho}\int\int_S (a'x + b'y + c'z)\,d\sigma,$$

ceci d'après la formule précédant (7). Et maintenant, par comparaison avec V, nous avons

$$2R_1\rho_1 V = \pi R^2\rho(\sigma_2 - \sigma_1). \tag{12}$$

Telle est la forme générale du théorème en vue. Il lie de façon très simple, et d'autant plus remarquable, des travaux de MM. Humbert et Kœnigs publiés sensiblement à la même époque (1888-1889). La forme générale (12) n'est peut-être pas la plus intéressante; particularisons en prenant

$$2\rho_1 = 2R_1 = R: \qquad \text{d'où} \qquad \sigma_1 = 0.$$

Nous aurons

$$V = 2\pi\rho\sigma_2.$$

Donc (*fig.* 3) *quand le contour fermé* C, *tracé sur une sphère de centre* O, *tourne autour d'un axe quelconque* AB

Fig. 3.

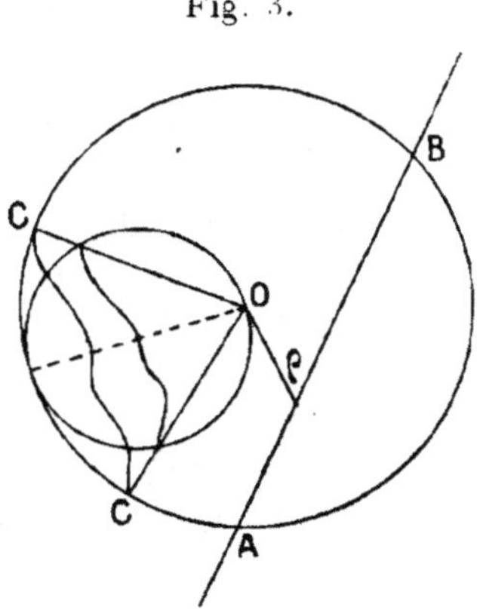

il engendre un volume produit de deux facteurs qui sont : 1° *le chemin circulaire* $2\pi\rho$ *décrit par* O; 2° *l'aire sphérique* σ_2 *obtenue en projetant coniquement, vers* O, *la cloison contenue dans* C *sur une sphère invariablement associée à la sphère mobile et ayant pour diamètre un rayon de celle-ci normal au plan* OAB.

Nous laisserons là les volumes tournants bien que l'étude précédente ait été d'une brièveté excessive; après les jolis théorèmes obtenus pour des contours C tracés sur le plan, puis sur les quadriques, il y en a certainement d'autres pour contours tracés sur des surfaces *algébriques* quelconques. On trouvera quelques amorces, à ce sujet, dans mes Mémoires des *Annales de Toulouse* (particulièrement dans le quatrième, 1914), mais c'est un sujet à peine effleuré.

LES SURFACES ALGÉBRIQUES ET LE THÉORÈME D'ABEL.

8. Puisque nous venons de marquer, une fois de plus, l'intérêt tout spécial et très grand des intégrales doubles attachées aux surfaces *algébriques*, c'est ici le lieu de mentionner les formes spatiales du théorème d'Abel. Ce théorème, qui, malgré des applications déjà prodigieuses, est toujours envisagé à peu près sous la même forme dans le cas des courbes algébriques, s'étend aux surfaces sous des physionomies diverses. Nous n'envisagerons ici qu'un exemple géométrique très simple, mais en faisant remarquer, ce qui peut

avoir des conséquences très générales, que le théorème abélien, si naturellement élégant, s'allie de façon remarquable avec la formule de Stokes dont l'élégance, pour être d'une autre nature, n'en est pas moins très grande aussi.

Soit la surface algébrique

$$(13) \qquad \varphi_m(X, Y, Z) + \varphi_{m-1}(X, Y, Z) + \ldots + \varphi_0 = 0.$$

Transperçons-la par un cône, de sommet O, ayant une directrice fermée C cloisonnée par une surface S n'ayant aucun rapport avec (13). Soit $M(x, y, z)$ un point de S en lequel nous aurons l'élément $d\sigma$ et la normale de cosinus directeurs α, β, γ. Soit $OM = r$.

Le cône élémentaire défini par O et $d\sigma$ transperce (13) suivant m éléments $d\sigma_i$ respectivement situés en $M_i(x_i, y_i, z_i)$. Posons encore $OM_i = r_i$.

Soit τ_i le volume compris, dans le cône fini, entre le sommet O et la nappe d'indice i de (13); on a

$$\tau_i = \frac{1}{3}\int\int_S \left(\frac{r_i}{r}\right)^3 (\alpha x + \beta y + \gamma z)\, d\sigma$$

et, pour la somme *abélienne* de ces m volumes,

$$\sum \tau_i = \frac{1}{3}\int\int_S \sum \left(\frac{r_i}{r}\right)^3 (\alpha x + \beta y + \gamma z)\, d\sigma.$$

Or

$$x_i = x\frac{r_i}{r}, \qquad y_i = y\frac{r_i}{r}, \qquad z_i = z\frac{r_i}{r},$$

et, puisque M_i appartient à (13),

$$\left(\frac{r_i}{r}\right)^m \varphi_m(x, y, z) + \left(\frac{r_i}{r}\right)^{m-1} \varphi_{m-1}(x, y, z) + \ldots + \varphi_0 = 0.$$

De

$$\Lambda = \frac{1}{3}\sum\left(\frac{r_i}{r}\right)^3 = -\frac{\varphi_{m-1}^3}{3\varphi_m^3} + \frac{\varphi_{m-1}\varphi_{m-2}}{\varphi_m^2} - \frac{\varphi_{m-3}}{\varphi_m},$$

on conclut

$$(14) \qquad \sum \tau_i = \int\int_S \Lambda(\alpha x + \beta y + \gamma z)\, d\sigma.$$

Cette somme abélienne de volumes coniques ne dépend évidemment que du choix du cône OC et non de la cloison S établie sur C. En fait, l'intégrale double de (14) est encore transformable en une intégrale de ligne par la formule de Stokes mise sous la forme (G).

Toutes les modifications de l'équation (13) *qui n'altèrent point* A *n'altèrent point la somme* (14). Cette assertion évidente peut permettre d'associer diverses surfaces algébriques dans lesquelles un cône OC déterminera des volumes $\Sigma \tau_i$ équivalents.

De même le second membre de (14) peut prendre la forme d'intégrales doubles déjà étudiées, d'où d'intéressants rapprochements. Ainsi soit la *cyclide*

$$(x^2+y^2+z^2)^2+4h(Ax^2+By^2+Cz^2)-4k^2(ax+by+cz)+4l^4=0.$$

On a

$$\sum \tau_i = 4k^2 \int\int_S \frac{ax+by+cz}{r^3}(\alpha x+\beta y+\gamma z)\,d\sigma;$$

d'où, par comparaison avec l'équation qui précède (7),

$$\sum \tau_i = k^2 \frac{\sigma_2-\sigma_1}{R}.$$

Ainsi, dans la cyclide précédente, un cône OC détermine une somme abélienne de volumes proportionnelle à la différence des aires déterminées par ce même cône sur une sphère de centre (a, b, c). Ce théorème donne d'ailleurs une manière, parmi d'autres, de faire rentrer le théorème relatif à $\sigma_2-\sigma_1$ et exprimé par l'égalité (6), dans la grande famille des théorèmes abéliens. Pour plus de détails sur les propriétés intégrales des cyclides, on se reportera aux *Annales de Toulouse* (5e Mémoire, 1915) et, pour celles de la *cyclide de Dupin*, au *Bulletin des Sciences mathématiques* (1917-1918).

Mais, comme nous l'avons déjà indiqué à la fin du paragraphe 6, les travaux fondamentaux sur la Géométrie spatiale du théorème d'Abel sont dus à M. G. Humbert (*Journal de Mathématiques*, 1890).

AIRES ELLIPSOÏDALES.

9. La difficile question des aires ellipsoïdales a encore été rattachée au théorème d'Abel par M. G. Humbert. Après les recherches très particulières de Jellett et Lebesgue, l'éminent géomètre trace sur l'ellipsoïde une infinité de contours fermés à aire quarrable.

Les méthodes ici exposées donnent des résultats analogues.

Soit l'ellipsoïde

$$Ax^2 + By^2 + Cz^2 = 1.$$

Un cône OC y découpe une aire S_E : le contour fermé C est en dehors de l'ellipsoïde et n'a d'abord aucune relation avec lui. Il en est de même pour S qui cloisonne C.

Toujours avec les notations précédemment employées, on a

$$S_E = \int\int_S \frac{\sqrt{A^2x^2 + B^2y^2 + C^2z^2}}{(Ax^2 + By^2 + Cz^2)^2} (\alpha x + \beta y + \gamma z)\, d\sigma,$$

formule en laquelle il faut bien remarquer que la cloison d'intégration S est tout autre que l'aire ellipsoïdale S_E. Si l'on y pose $L = 0$, $M = 0$,

$$\frac{\partial N}{\partial z} = \frac{\sqrt{A^2x^2 + B^2y^2 + C^2z^2}}{(Ax^2 + By^2 + Cz^2)^2},$$

la formule (G) donne

$$S_E = \int_C N(y\, dx - x\, dy).$$

Prenons *maintenant* pour S la surface d'équation $2N = -1$. Alors *le cône* OC *déterminera, sur l'ellipsoïde, une aire* S_E *et, sur* S, *un contour dont la projection, sur* Oxy, *enfermera une aire plane égale à* S_E. Il n'y a là qu'un moyen, parmi d'autres, de faire une carte plane de l'ellipsoïde avec conservation des aires. Ce procédé cartographique fait intervenir la surface $2N = -1$, mais la détermination de N n'exige qu'une quadrature élémentaire à résultat algébrico-logarithmique. Donc *on peut, par des opérations algébrico-logarithmiques, transporter, sur l'ellipsoïde scalène, toute aire plane donnée, quelle que soit sa nature arithmétique.*

Pour plus de détails, notamment pour l'intégration explicite donnant N, pour une comparaison plus étroite avec les résultats de M. Humbert, pour la planification de surfaces quelconques par la méthode précédente, on se reportera encore aux *Annales de Toulouse* (3e Mémoire, 1914).

Un tel théorème est surtout intéressant de par l'opposition qu'il offre avec ce qui se passe sur l'ellipse ou même sur le cercle, courbes sur lesquelles on ne peut nullement placer, par opérations élémentaires, tout un ensemble d'arcs rationnels ou de nature arithmétique donnée. Comme quoi les fonctions de lignes sur les surfaces se comportent parfois plus simplement que les fonctions de points sur les lignes.

10. **Cas de la sphère.** — La question des aires sphériques n'est pas distincte de celle des angles spatiaux déjà traitée. Mais, avec les généralités du paragraphe précédent, elle peut prendre un aspect particulièrement intéressant. Soit donc

$$A = B = C = \frac{1}{R^2}.$$

On a facilement, avec $\varphi(x, y)$ fonction arbitraire, mais homogène, d'ordre -2,

$$N = \frac{R^2 z}{(x^2+y^2)\sqrt{x^2+y^2+z^2}} + \varphi(x, y).$$

Pour surface S, d'équation $2N = -1$, on peut prendre

$$\frac{2R^2 z}{r^2\sqrt{r^2+z^2}} - \frac{2R^2}{r^2} = -1$$

ou

$$(r^2+z^2)(2R^2-r^2)^2 = 4R^4 z^2,$$

en posant $x^2+y^2 = r^2$.

On voit que S est alors surface de révolution autour de Oz. Avec Oz pour axe polaire et $r = \rho\sin\omega$, $z = \rho\cos\omega$, le méridien de S a l'équation très simple

$$\rho\cos\frac{\omega}{2} = R. \tag{15}$$

C'est une courbe connue sous le nom de *trisécante* (*cf.* G. Loria, *Ebene Kurven*). Elle est de construction très simple et a de très élégantes propriétés auxquelles il convient précisément d'ajouter la suivante : *Si la trisécante* (15) *tourne autour de son axe polaire pris pour axe* Oz, *elle donne une surface de révolution* S, *circonscrite à la sphère de centre* O *et de rayon* R, *telle qu'une nappe conique quelconque, de sommet* O, *donne sur* S *un contour* C *dont la projection sur* Oxy *enferme une aire équivalente à celle déterminée sur la sphère par la nappe conique en question.*

Ce théorème pourrait être considérablement varié par d'autres choix de la fonction $\varphi(x, y)$. Remarquons, notamment, que les surfaces S associées à la sphère ne sont pas forcément de révolution.

CHAPITRE III.

Intervention des courbures des contours et cloisons. Formules d'Ossian Bonnet et de M. P. Appell.

---

1. Réduction de la formule (H). — Supposons que, dans la formule (H), la fonction R soit identiquement nulle et que P, Q, S, T ne contiennent pas explicitement z. La formule (H) se réduit alors à

$$(\mathrm{H}_1) \qquad \int\int_S \Delta_1 \, dx\, dy = \int_C \mathrm{P}\, dx + \mathrm{Q}\, dy + \mathrm{S}\, dp + \mathrm{T}\, dq,$$

en posant

$$\Delta_1 = \begin{vmatrix} r & s & -1 & 0 \\ s & t & 0 & -1 \\ \dfrac{\partial}{\partial x} & \dfrac{\partial}{\partial y} & \dfrac{\partial}{\partial p} & \dfrac{\partial}{\partial q} \\ \mathrm{P} & \mathrm{Q} & \mathrm{S} & \mathrm{T} \end{vmatrix}.$$

Or, pour des courbes gauches tracées sur des surfaces et, en particulier, pour des contours fermés C portant des cloisons S, il existe diverses notions géométriques auxquelles correspondent des éléments différentiels de la forme

$$(1) \qquad \mathrm{P}\, dx + \mathrm{Q}\, dy + \mathrm{S}\, dp + \mathrm{T}\, dq.$$

Telles sont notamment la *courbure géodésique*, la *torsion géodésique* et la *courbure normale*.

Le second membre de (H_1) exprime alors une telle courbure (ou torsion) *finie, totale, intégrale*, pour tout le contour C, cependant que le premier membre de la formule (H_1) est une intégrale double remarquable, à la fois par la constitution symétrique qu'elle possède dans les cas que nous allons étudier et par l'expression simple qu'en donne précisément le second membre de (H_1).

Les égalités à obtenir ainsi sont, théoriquement, en nombre illimité; les notions géométriques que nous venons d'invoquer nous permettent d'en indiquer trois dont l'une, due à Ossian Bonnet, constitue l'un des plus célèbres théorèmes de la théorie des surfaces.

2. **Courbure géodésique et formule de Bonnet.** — Soit M un point d'une courbe MK tracée sur une surface S, courbe dont le plan osculateur en M est Ω. En M, soient MT (cosinus directeurs α, β, γ) la tangente [1] à MK et U le plan tangent à S. MN(λ, μ, ν) est rayon de courbure pour la section normale TMN. Γ est centre de courbure en M pour KM

Fig. 4.

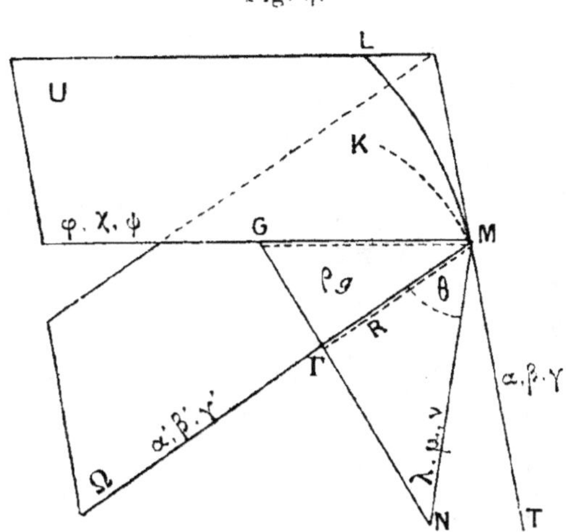

et le plan ΓMN, normal à MT, donne GM(φ, χ, ψ) droite sur laquelle G, obtenu par prolongement de NΓ, est *centre de courbure géodésique* en M pour KM. Si l'on projette KM en LM sur U, le théorème de Meusnier, appliqué au cylindre projetant, nous montre que le *rayon de courbure géodésique* $GM = \rho_g$ est rayon de courbure en M pour la courbe

[1] Nous adoptons ici α, β, γ pour cosinus directeurs de MT parce que c'est la notation des Traités actuels (Picard, Goursat), cependant que d'autres (Appell, Humbert) emploient α, β, γ pour diriger la normale à S, comme nous l'avons fait dans les pages précédentes. Cette remarque suffira sans doute à éviter les confusions.

plane LM. On a successivement

$$R = \rho_g \sin\theta, \qquad \sin\theta = \alpha'\varphi + \beta'\chi + \gamma'\psi,$$

$$\frac{d\alpha}{ds} = \frac{\alpha'}{R}, \qquad \frac{d\beta}{ds} = \frac{\beta'}{R}, \qquad \frac{d\gamma}{ds} = \frac{\gamma'}{R},$$

$$\frac{\sin\theta}{R}\, ds = \varphi\, d\alpha + \chi\, d\beta + \psi\, d\gamma,$$

$$\frac{ds}{\rho_g} = \begin{vmatrix} \alpha & \beta & \gamma \\ d\alpha & d\beta & d\gamma \\ \lambda & \mu & \nu \end{vmatrix},$$

$$(2) \qquad \frac{ds}{\rho_g} = \frac{\nu\, d\beta - \mu\, d\gamma}{\alpha} = \frac{\lambda\, d\gamma - \nu\, d\alpha}{\beta} = \frac{\mu\, d\alpha - \lambda\, d\beta}{\gamma}.$$

Soit $z = f(x, y)$ l'équation de la surface S. Nous supposons la courbe MK définie par sa projection $F(x, y) = 0$ sur le plan Oxy. On a alors

$$dz = p\, dx + q\, dy, \qquad F'_x\, dx + F'_y\, dy = 0,$$

$$-\frac{dx}{F'_y} = \frac{dy}{F'_x} = \frac{dz}{q F'_x - p F'_y} = \frac{ds}{\Delta},$$

$$\Delta^2 = F'^2_x + F'^2_y + (q F'_x - p F'_y)^2,$$

$$\alpha = \frac{dx}{ds} = -\frac{F'_y}{\Delta}, \qquad \beta = \frac{dy}{ds} = \frac{F'_x}{\Delta}, \qquad \gamma = \frac{dz}{ds} = \frac{q F'_x - p F'_y}{\Delta},$$

$$\lambda = -\frac{p}{\delta}, \qquad \mu = -\frac{q}{\delta}, \qquad \nu = \frac{1}{\delta}, \qquad \delta^2 = 1 + p^2 + q^2.$$

En se servant de l'un des trois derniers membres de (2), on a aisément

$$\frac{ds}{\rho_g} = \frac{\delta}{\Delta^2} \begin{vmatrix} F'_x & F'_y \\ dF'_x & dF'_y \end{vmatrix} - \frac{p F'_x + q F'_y}{\Delta^2 \delta} \begin{vmatrix} F'_x & F'_y \\ dp & dq \end{vmatrix}.$$

Tel est l'*angle élémentaire de courbure géodésique*. Avec les variables adoptées c'est une expression (1) en laquelle

$$(3) \quad \begin{cases} P = \dfrac{\delta}{\Delta^2} \begin{vmatrix} F'_x & F'_y \\ F''_{xx} & F''_{xy} \end{vmatrix}, & Q = \dfrac{\delta}{\Delta^2} \begin{vmatrix} F'_x & F'_y \\ F''_{xy} & F''_{yy} \end{vmatrix}, \\[2ex] S = \dfrac{F'_y}{\Delta^2 \delta}(p F'_x + q F'_y), & T = -\dfrac{F'_x}{\Delta^2 \delta}(p F'_x + q F'_y). \end{cases}$$

On calcule facilement que

$$\frac{\partial T}{\partial p} - \frac{\partial S}{\partial q} = -\delta^{-3},$$

$$\frac{\partial Q}{\partial p} = \frac{\partial S}{\partial y}, \qquad \frac{\partial Q}{\partial q} = \frac{\partial T}{\partial y}, \qquad \frac{\partial P}{\partial p} = \frac{\partial S}{\partial x}, \qquad \frac{\partial P}{\partial q} = \frac{\partial T}{\partial x}, \qquad \frac{\partial Q}{\partial x} = \frac{\partial P}{\partial y},$$

et, résultat que nous avions en vue, la formule (H_1), avec les expressions (3) de P, Q, S, T, devient définitivement

$$(4)\qquad \int_C d\omega - \int_C \frac{ds}{\rho_g} = \int\int_S \frac{rt-s^2}{\delta^4}\,dx\,dy = \int\int_S \frac{d\sigma}{R_1 R_2}$$

si R_1, R_2 sont les rayons de courbure principaux en un point quelconque de la cloison S. Le premier membre de (4) ne peut être réduit à la seconde intégrale, car celle-ci est singulière comme on le voit aisément en supposant la cloison S plane; au contraire, avec le premier membre de (4) sous la forme indiquée, $d\omega$ étant l'angle élémentaire dont tourne la tangente MT à la courbe MK (qui est maintenant le contour fermé C), aucune singularité ne menace plus la validité de (4). Or cette égalité (4) est bien la formule d'Ossian Bonnet.

Gaston Darboux a consacré de nombreuses pages à cette formule (*Surfaces*, t. III) en la déduisant, par la formule de Riemann (B), de la théorie du trièdre mobile, mais il faut alors quelque étude de cette dernière théorie pour préparer la démonstration qui, dans ces conditions, exige à peu près les mêmes efforts que la précédente.

Ce qu'il y a d'intéressant, ici, n'est nullement une telle comparaison de démonstrations; c'est le fait que la méthode qui a donné (4) va nous donner des formules analogues pour la torsion géodésique et la courbure normale.

3. Cas de la torsion géodésique. — Sur la courbe MK (*fig.* 4) soient un point M', infiniment voisin de M, et la normale en M' à la surface S. Cette normale fait avec le plan TMN un angle $d\tau_g$ dit *angle de torsion géodésique* de MM'. On a

$$\sin d\tau_g = \varphi(\lambda + d\lambda) + \chi(\mu + d\mu) + \psi(\nu + d\nu),$$
$$d\tau_g = \varphi\, d\lambda + \chi\, d\mu + \psi\, d\nu,$$
$$d\tau_g = \begin{vmatrix} \alpha & \beta & \gamma \\ d\lambda & d\mu & d\nu \\ \lambda & \mu & \nu \end{vmatrix}.$$
$$d\tau_g = \frac{\beta\, d\nu - \gamma\, d\mu}{\lambda} = \frac{\gamma\, d\lambda - \alpha\, d\nu}{\mu} = \frac{\alpha\, d\mu - \beta\, d\lambda}{\nu}.$$

On différentie aisément les cosinus λ, μ, ν déjà écrits au paragraphe précédent, d'où

$$d\tau_g = \frac{[(1+q^2)F'_x - pq\,F'_y]\,dp + [(1+p^2)F'_y - pq\,F'_x]\,dq}{\Delta\delta^2}.$$

Or ceci est encore une expression (1) où P et Q sont nuls, S et T étant en évidence. On calcule que

$$\frac{\partial T}{\partial p} = \frac{\partial S}{\partial q},$$

$$\frac{\partial S}{\partial x} = \left(\frac{\Phi}{\Delta}\right)^3 \frac{\partial \xi}{\partial x}, \qquad \frac{\partial S}{\partial y} = \left(\frac{\Phi}{\Delta}\right)^3 \frac{\partial \xi}{\partial y},$$

$$\frac{\partial T}{\partial x} = \left(\frac{\Phi}{\Delta}\right)^3 \frac{\partial \zeta}{\partial x}, \qquad \frac{\partial T}{\partial y} = \left(\frac{\Phi}{\Delta}\right)^3 \frac{\partial \zeta}{\partial y},$$

en posant

$$\xi = \frac{F'_x}{\Phi}, \qquad \zeta = \frac{F'_y}{\Phi}, \qquad \Phi^2 = F'^2_x + F'^2_y,$$

ce qui fait que ξ et ζ sont des cosinus directeurs pour la normale au contour plan $F = 0$.

On est alors en mesure d'écrire la formule (H_1), soit

$$\int\!\!\int_S \begin{vmatrix} r & s & -1 & 0 \\ s & t & 0 & -1 \\ \dfrac{\partial}{\partial x} & \dfrac{\partial}{\partial y} & 0 & 0 \\ 0 & 0 & \xi & \zeta \end{vmatrix} \left(\frac{\Phi}{\Delta}\right)^3 dx\,dy = \int_C d\tau_g.$$

4. Cas de la courbure normale. — D'après le théorème de Meusnier, nous avons (*fig.* 4)

$$MP = MN\cos\theta \qquad \text{ou} \qquad R = \rho_n \cos\theta.$$

L'expression

$$\frac{ds}{\rho_n} = \frac{\cos\theta}{R}\,ds = \frac{\alpha\,dp - \beta\,dq}{\sqrt{1+p^2+q^2}}$$

est dite *angle élémentaire de courbure normale* en M. C'est une nouvelle expression (1) où P et Q sont nuls, alors que

$$S = -\frac{F'_y}{\Delta\delta}, \qquad T = \frac{F'_x}{\Delta\delta}.$$

En rapprochant ceci des résultats déjà obtenus, écrivons

$$\begin{aligned}
\frac{ds}{\rho_g} &= P_1\,dx + Q_1\,dy + S_1\,dp + T_1\,dq,\\
d\tau_g &= \qquad\qquad\qquad S_2\,dp + T_2\,dq,\\
\frac{ds}{\rho_n} &= \qquad\qquad\qquad S_3\,dp + T_3\,dq.
\end{aligned}$$

Posons encore

$$\Omega = \frac{S_1}{S_3} = \frac{T_1}{T_3} = -\frac{1}{\Delta}(p\,F'_x + q\,F'_y).$$

Alors

$$\frac{\partial T_3}{\partial p} - \frac{\partial S_3}{\partial q} = \frac{\Omega}{\delta^3},$$

$$\frac{\partial S_3}{\partial x} = -P_1 S_2, \qquad \frac{\partial S_3}{\partial y} = -Q_1 S_2,$$

$$\frac{\partial T_3}{\partial x} = -P_1 T_2, \qquad \frac{\partial T_3}{\partial y} = -Q_1 T_2.$$

Et, dans ces nouvelles conditions, la formule (H_1) devient

$$\int\int_S \frac{\Omega\,d\sigma}{R_1 R_2} - \int\int_S \begin{vmatrix} r & s & -1 & 0 \\ s & t & 0 & -1 \\ P_1 & Q_1 & 0 & 0 \\ 0 & 0 & S_2 & T_2 \end{vmatrix} dx\,dy = \int_C \frac{ds}{\rho_n},$$

en désignant par $d\sigma$, R_1, R_2 l'élément superficiel et les rayons de courbure principaux en un point de la cloison S.

On obtient une vérification simple de cette formule à l'aide du cercle

$$2az = x^2 + y^2, \qquad F = x^2 + y^2 - b^2 = 0$$

tracé, comme l'on voit, sur un paraboloïde de révolution. On calcule aisément

$$Q_1 S_2 r - P_1 T_2 t = (x^2 + y^2 + a^2)^{-\frac{1}{2}}(x^2 + y^2)^{-\frac{1}{2}},$$

$$\Omega\,\frac{rt - s^2}{\delta^3} = -(x^2 + y^2)^{\frac{1}{2}}(x^2 + y^2 + a^2)^{-\frac{3}{2}}.$$

Avec des coordonnées semi-polaires r, θ, z, tout le premier membre de la formule en litige devient

$$a^2 \int_0^{2\pi}\int_0^{r} (r^2 + a^2)^{-\frac{3}{2}} dr\,d\theta = \frac{2\pi b}{\sqrt{a^2 + b^2}}.$$

Et quant au second membre, on voit immédiatement qu'il a même expression.

5. **Remarques.** — Les formules générales établies en les deux paragraphes précédents n'ont point l'importance de celle de Bonnet qui jouit de l'avantage, jusqu'ici non partagé, d'être de constitution purement géométrique. Elles font cependant connaître, d'une manière finalement simple, des invariants intégraux superficiels qui, pour une cloison S, s'expriment par la torsion géodésique ou la courbure normale du contour C de S. Pour plus de détails géométriques, on se reportera aux *Annales de la Faculté de Toulouse* (1913, second Mémoire).

ÉTUDE DE LA FORMULE (J).

6. **Équation aux rayons de courbure principaux.** — Pour faire une étude rationnelle de la formule (J) du Chapitre I, il est nécessaire de former une équation aux rayons de courbure principaux en un point quelconque d'une surface S, en ne faisant intervenir que les cosinus directeurs α, β, γ de la *normale* à S. Nous reprenons, on le voit, les notations qui, dans les cinq paragraphes précédents, n'ont été abandonnées que tout à fait exceptionnellement.

Sur S, menons en $M(x, y, z)$ la tangente MT et la section normale

$$x'(X - x) + y'(Y - y) + z'(Z - z) = 0,$$

en désignant par x', y', z' les dérivées de x, y, z par rapport à l'arc s de la section. En adjoignant, à l'équation de ce plan normal, l'équation dérivée par rapport à s

$$x''(X - x) + y''(Y - y) + z''(Z - z) = 1,$$

on définit l'axe du cercle osculateur en M à la section. Soient $N(X, Y, Z)$ le centre de ce cercle et R son rayon. On aura

$$\frac{X - x}{\alpha} = \frac{Y - y}{\beta} = \frac{Z - z}{\gamma} = -R = \frac{1}{\alpha x'' + \beta y'' + \gamma z''}.$$

Dérivant

$$\alpha x' + \beta y' + \gamma z' = 0,$$

on conclut

$$\frac{1}{R} = x' \frac{d\alpha}{ds} + y' \frac{d\beta}{ds} + z' \frac{d\gamma}{ds}.$$

Les dérivées de α, β, γ, par rapport à s, devant s'écrire

$$\alpha'_x x' + \alpha'_y y' + \alpha'_z z', \quad \beta'_x x' + \beta'_y y' + \beta'_z z', \quad \gamma'_x x' + \gamma'_y y' + \gamma'_z z',$$

on voit que $1 : R$ est une forme quadratique en x', y', z'. Chercher les rayons de courbure principaux, c'est chercher le maximum et le minimum de cette forme quadratique quand les variables x', y', z' sont liées par les deux relations

$$\alpha x' + \beta y' + \gamma z' = 0, \qquad x'^2 + y'^2 + z'^2 = 1.$$

Or c'est là, pour les formes quadratiques, un problème tout à fait classique; on est conduit, pour définir les deux rayons de courbure principaux, R_1 et R_2, à l'équation du second degré

$$\begin{vmatrix} \alpha'_x - \frac{1}{R} & \frac{1}{2}(\beta'_x + \alpha'_y) & \frac{1}{2}(\gamma'_x + \alpha'_z) & \alpha \\ \frac{1}{2}(\alpha'_y + \beta'_x) & \beta'_y - \frac{1}{R} & \frac{1}{2}(\gamma'_y + \beta'_z) & \beta \\ \frac{1}{2}(\alpha'_z + \gamma'_x) & \frac{1}{2}(\beta'_z + \gamma'_y) & \gamma'_z - \frac{1}{R} & \gamma \\ \alpha & \beta & \gamma & 0 \end{vmatrix} = 0.$$

Celle-ci peut se simplifier, mais le plus commode est de faire les réductions sur la somme et le produit des racines considérés séparément. Utilisant l'identité

$$\alpha^2 + \beta^2 + \gamma^2 = 1$$

et ses dérivées partielles en x, y, z, on a d'abord

$$\frac{1}{R_1} + \frac{1}{R_2} = \alpha'_x + \beta'_y + \gamma'_z.$$

C'est la *courbure moyenne* de S.

Quant au produit des racines, il s'exprime par un déterminant simplifiable au moyen de l'identité

$$\alpha(\gamma'_y - \beta'_z) + \beta(\alpha'_z - \gamma'_x) + \gamma(\beta'_x - \alpha'_y) = 0$$

et l'on obtient finalement

$$\frac{1}{R_1 R_2} = - \begin{vmatrix} \alpha'_x & \alpha'_y & \alpha'_z & \alpha \\ \beta'_x & \beta'_y & \beta'_z & \beta \\ \gamma'_x & \gamma'_y & \gamma'_z & \gamma \\ \alpha & \beta & \gamma & 0 \end{vmatrix}.$$

C'est la *courbure totale* de S.

Ces expressions de la courbure moyenne et surtout de la courbure totale peuvent être encore simplifiées par des choix particuliers des coordonnées et même tout simplement en convenant d'étudier la surface $z = f(x, y)$, ce qui redonne sans peine les formules habituelles; mais ici c'est précisément ce qu'il ne faut pas faire, car c'est sous la forme précédente que les courbures vont intervenir dans la formule de M. P. Appell et dans la formule (J) qui révèle un invariant intégral superficiel, très esthétique et général, qui n'a peut-être pas été remarqué jusqu'à présent parce que la question n'était pas prise sous un aspect suffisamment symétrique.

7. Le jacobien J et les J bordés. — Supposons toujours que les cosinus directeurs α, β, γ de la normale à S soient des fonctions de x, y, z, conformément aux égalités

$$\frac{\alpha}{F'_x} = \frac{\beta}{F'_y} = \frac{\gamma}{F'_z} = \frac{1}{\sqrt{F'^2_x + F'^2_y + F'^2_z}}.$$

Considérons le jacobien

$$J = \begin{vmatrix} \alpha'_x & \alpha'_y & \alpha'_z \\ \beta'_x & \beta'_y & \beta'_z \\ \gamma'_x & \gamma'_y & \gamma'_z \end{vmatrix}.$$

Il est identiquement nul puisque α, β, γ sont des fonctions non indépendantes; mais ce jacobien, insignifiant par lui-même, n'en est pas moins une sorte de noyau générateur pour des formules extrêmement remarquables.

La courbure moyenne est la somme des termes de la diagonale principale de J.

Le jacobien J, *convenablement bordé, donne la courbure totale*

$$\frac{1}{R_1 R_2} = - \begin{vmatrix} \multicolumn{3}{c}{\multirow{3}{*}{J}} & \alpha \\ & & & \beta \\ & & & \gamma \\ \alpha & \beta & \gamma & 0 \end{vmatrix}$$

et, par suite, le célèbre invariant intégral de la formule d'Ossian Bonnet

$$\int\int_S \frac{d\sigma}{R_1 R_2}.$$

Enfin J, *bordé comme suit :*

$$\Delta = \begin{vmatrix} & \text{J} & & -1 & 0 & 0 \\ & & & 0 & -1 & 0 \\ & & & 0 & 0 & -1 \\ \alpha & \beta & \gamma & 0 & 0 & 0 \\ \frac{\partial}{\partial x} & \frac{\partial}{\partial y} & \frac{\partial}{\partial z} & \frac{\partial}{\partial \alpha} & \frac{\partial}{\partial \beta} & \frac{\partial}{\partial \gamma} \\ P & Q & R & S & T & U \end{vmatrix},$$

donne la formule

$$\int\int_S \Delta\, d\sigma = \int_C P\, dx + Q\, dy + R\, dz + S\, d\alpha + T\, d\beta + U\, d\gamma.$$

C'est la formule (J) du Chapitre I. Elle contient évidemment la formule d'Ossian Bonnet comme cas très particulier puisque cette formule de Bonnet a été déduite de (II_1), cas particulier de (II), et puisque (J) n'est qu'une formule (II) rendue plus symétrique.

8. Formule de M. P. Appell. — Soient X, Y, Z trois fonctions dont chacune dépend de x, y, z, mais non de α, β, γ. Soient S, T, U nuls et

$$P = \beta Z - \gamma Y, \qquad Q = \gamma X - \alpha Z, \qquad R = \alpha Y - \beta X.$$

Alors de brèves transformations du Δ donnent à la formule (J) une forme qui exprime que : *La différence des deux intégrales superficielles*

$$\int\int_S \left(\frac{1}{R_1} - \frac{1}{R_2}\right)(\alpha X + \beta Y + \gamma Z)\, d\sigma,$$

$$\int\int_S \begin{vmatrix} \alpha & \beta & \gamma \\ \frac{\partial}{\partial x} & \frac{\partial}{\partial y} & \frac{\partial}{\partial z} \\ P & Q & R \end{vmatrix} d\sigma$$

s'exprime par l'intégrale de ligne, étendue au contour C *de* S :

$$\int_C \begin{vmatrix} dx & dy & dz \\ X & Y & Z \\ \alpha & \beta & \gamma \end{vmatrix}.$$

C'est en ceci que consiste la formule de M. Appell. Si l'on pose

$$\frac{d}{dn} = \alpha \frac{\partial}{\partial x} + \beta \frac{\partial}{\partial y} + \gamma \frac{\partial}{\partial z},$$

le déterminant contenu dans la seconde intégrale double peut se mettre sous la forme

$$\left(\frac{\partial X}{\partial x} - \frac{\partial Y}{\partial y} + \frac{\partial Z}{\partial z}\right) - \left(\alpha \frac{dX}{dn} - \beta \frac{dY}{dn} + \gamma \frac{dZ}{dn}\right)$$

et l'on a la formule telle qu'elle a été donnée, par M. Appell lui-même, dans l'*Intermédiaire des Mathématiciens* (1916). Elle est susceptible de plusieurs démonstrations directes; mais ce qui en fait surtout l'importance est la structure de la première intégrale double qui contient la *courbure moyenne*, alors que l'intégrale double de la formule de Bonnet contenait la *courbure totale*.

La formule de M. Appell contient des résultats géométriques remarquables notamment quant aux extensions de certaines formes du théorème des projections.

Soient X, Y, Z constants et plus particulièrement cosinus directeurs d'une direction fixe D. On a

$$\int\int_S \left(\frac{1}{R_1} + \frac{1}{R_2}\right) d\sigma_1 = \int_C \cos\lambda \, ds$$

si $d\sigma_1$ est la projection de $d\sigma$ sur un plan P perpendiculaire à D et λ l'angle de la tangente en un point M de C avec une direction perpendiculaire à D et à la normale en M à la cloison S.

Si S est un plan, on a le théorème classique du contour C dont les éléments ds ont, au total, une projection nulle sur une direction fixe.

Soient encore

$$X = x, \qquad Y = y, \qquad Z = z.$$

Alors

$$2\sigma = \int\int_S \left(\frac{1}{R_1} + \frac{1}{R_2}\right) \rho\, d\sigma + \int_C \begin{vmatrix} dx & dy & dz \\ \alpha & \beta & \gamma \\ x & y & z \end{vmatrix}.$$

Ici σ est l'aire de S et ρ la distance de l'origine au plan tangent. Si S est un plan, il vient

$$\sigma = \alpha\sigma_1 + \beta\sigma_2 + \gamma\sigma_3,$$

σ_1, σ_2, σ_3 étant les projections de σ sur les plans coordonnés.

CHAPITRE IV.

ÉTUDE DE LA FORMULE (H). TRAVAUX DE M. E. GOURSAT.

1. Préliminaires. — Nous venons d'utiliser la formule (H) [ou la formule (J) qui n'en est qu'une symétrisation] dans des questions de courbure linéaire ou superficielle, tout comme on utilisait la formule de Stokes ordinaire dans des questions géométriques plus simples.

Il est naturel, maintenant, de se poser, au sujet de (H), les questions classiques partout posées au sujet de (C) ou (D). Ainsi nous savons qu'une intégrale double

$$(1)\quad \begin{cases} \displaystyle\int\int_S (\alpha F + \beta G + \gamma H)\, d\sigma, \\ \displaystyle\int\int_S (-p F - q G + H)\, dx\, dy \end{cases}$$

n'est pas identifiable, en général, avec le premier membre de (D) ou de (C). Il faut, pour cela, qu'on ait

$$(2)\quad \frac{\partial F}{\partial x} + \frac{\partial G}{\partial y} + \frac{\partial H}{\partial z} = 0.$$

Considérons, de même, l'intégrale

$$(3)\quad \int\int_S [K(rt - s^2) + Ar + Bs + Ct + D]\, dx\, dy$$

en laquelle chacun des coefficients K, A, B, C, D est d'abord considéré comme une fonction absolument quelconque de x, y, z, p, q. A quelles conditions cette intégrale (1) pourra-t-elle prendre la forme du premier membre de (H) et n'être par suite qu'une intégrale de ligne déterminée par la connaissance du contour C de S et des plans tangents à S le long de C?

La question peut être traitée de manière directe (*Annales de Toulouse*, 1912) mais elle rentre aussi dans les recherches générales signalées à la fin du Chapitre I. Elle a été résolue en premier lieu par M. E. Goursat dans un Mémoire *Sur quelques transformations des équations aux dérivées partielles du second ordre* (*Annales de Toulouse*, 1902) prolongé tout récemment par de très importants développements *Sur le problème de Bäcklund et les systèmes de deux équations de Pfaff* (*loc. cit.*, 1918).

La question est liée, en effet, de la manière la plus intime avec l'étude des équations, aux dérivées partielles, de Monge-Ampère

$$K(rt - s^2) + Ar + Bs + Ct + D = 0. \tag{4}$$

Nous devons nous borner ici à des indications très rapides réduites presque exclusivement à des expositions de résultats susceptibles de *vérifications*. L'étude des travaux de MM. Goursat et Cartan s'impose pour approfondir nombre de points délicats et d'ailleurs encore emplis de difficultés insurmontées.

2. Le système de M. E. Goursat. — Une seule condition est nécessaire pour qu'une intégrale (1) ne dépende que du contour C de S; la question analogue relative à l'intégrale (3) en demande *cinq*. Reprenons la formule (II) et le déterminant qui y figure, soit

$$\Delta = \begin{vmatrix} s & t & 0 & 0 & -1 \\ r & s & 0 & -1 & 0 \\ p & q & -1 & 0 & 0 \\ \frac{\partial}{\partial x} & \frac{\partial}{\partial y} & \frac{\partial}{\partial z} & \frac{\partial}{\partial p} & \frac{\partial}{\partial q} \\ P & Q & R & S & T \end{vmatrix}.$$

Ce déterminant se développe sous la forme

$$K(rt - s^2) + Ar + Bs + Ct + D, \tag{5}$$

en posant

$$\begin{gathered} K = T'_p - S'_q, \\ A = q(R'_p - S'_z) + Q'_p - S'_y, \\ B = q(R'_q - T'_z) - p(R'_p - S'_z) + Q'_q - T'_y + S'_x - P'_p, \\ C = p(T'_z - R'_q) + T'_x - P'_q, \\ D = p(Q'_z - R'_y) + q(R'_x - P'_z) + Q'_x - P'_y. \end{gathered}$$

Or, ceci ne permet point aux fonctions K, A, B, C, D d'être

quelconques, car on peut *vérifier* qu'elles satisfont aux *cinq* relations

$$
(6)\quad \begin{cases}
X^2(A) - XY(B) + Y^2(C) - D'_z - X(D'_p) - Y(D'_q) = 0, \\
X^2(K) + X(B'_q - C'_p) + Y(C'_q) + 2C'_z - D''_{qq} = 0, \\
- XY(K) - X(A'_q) + Y(C'_p) - B'_z - D''_{pq} = 0, \\
Y^2(K) + Y(B'_p - A'_q) + X(A'_p) + 2A'_z - D''_{pp} = 0, \\
\dfrac{\partial}{\partial p} X(K) + \dfrac{\partial}{\partial q} Y(K) + K'_z + B''_{pq} - A''_{qq} - C''_{pp} = 0,
\end{cases}
$$

en lesquelles on a posé, pour abréger l'écriture,

$$
X = \frac{\partial}{\partial x} + p\,\frac{\partial}{\partial z}, \qquad Y = \frac{\partial}{\partial y} + q\,\frac{\partial}{\partial z}.
$$

Les relations (6) sont dues à M. E. Goursat. Il resterait à examiner si, lorsque ces conditions sont satisfaites, on peut effectivement tirer P, Q, R, S, T des cinq relations précédant le système (6); nous nous bornerons à répondre par une affirmation, renvoyant aux endroits précités pour une démonstration détaillée.

Si la forme (5) se réduit à

$$
D = -pF - qG + H,
$$

les fonctions F, G, H ne dépendant chacune que de x, y, z, les conditions (6) doivent se réduire à l'unique condition (2); c'est bien ce qui a lieu.

3. Propriétés du système (6). — On connaît plusieurs propriétés importantes du système (6), mais la recherche générale de ces propriétés est une question qui semble appeler de nouveaux travaux.

Quelques propriétés semblent d'abord indiquer que le système, quoique compliqué, ne l'est peut-être pas autant qu'on pourrait le croire au début.

Si l'on pose

$$
M = B - \int A'_q\,dp - \int C'_p\,dq,
$$

$$
N = D - X\int A\,dp - Y\int C\,dq,
$$

le système (6) *prend la forme manifestement plus simple*

$$(7)\quad\left\{\begin{array}{l} XY(M) + N'_z - X(N'_p) - Y(N'_q) = 0, \\ X^2(K) + X(M'_q) - N''_{qq} = 0, \\ -XY(K) + M'_z - N''_{pq} = 0, \\ Y^2(K) + Y(M'_p) - N''_{pp} = 0, \\ \dfrac{\partial}{\partial p} X(K) + \dfrac{\partial}{\partial q} Y(K) + K'_z + M''_{pq} = 0. \end{array}\right.$$

L'assertion n'exige qu'une vérification. Pour tous ces calculs, qui reposent sur l'emploi des opérateurs de dérivation indiqués, on observera les identités opératoires

$$XY = YX, \qquad \frac{\partial}{\partial q} X = X \frac{\partial}{\partial q}, \qquad \frac{\partial}{\partial p} Y = Y \frac{\partial}{\partial p},$$

$$\frac{\partial}{\partial q} Y - Y \frac{\partial}{\partial q} = \frac{\partial}{\partial z}, \qquad \frac{\partial}{\partial p} X - X \frac{\partial}{\partial p} = \frac{\partial}{\partial z}.$$

Le système (6) *ne donne, par dérivations, que deux équations distinctes.*

Ceci se vérifie aisément sur la forme (7) du système (6). Désignons respectivement par a, b, c, d, e les premiers membres des équations composant ces systèmes; on a

$$\begin{aligned} a''_{pq} &= XY(e) + X(c'_p) + Y(c'_q) + c'_z, \\ b'_p &= X(e) + c'_q, \\ d'_q &= Y(e) + c'_p. \end{aligned}$$

Donc, si l'on a identiquement $c = 0$, $e = 0$, il suit de là qu'on a aussi identiquement

$$a''_{pq} = 0, \qquad b'_p = 0, \qquad d'_q = 0.$$

Le système (6) *est composé par les opérateurs*

$$\frac{\partial}{\partial x} + p\frac{\partial}{\partial z}, \quad \frac{\partial}{\partial y} + q\frac{\partial}{\partial z}, \quad \frac{\partial}{\partial z}, \quad \frac{\partial}{\partial p}, \quad \frac{\partial}{\partial q}$$

qui sont permutables avec l'un quelconque des suivants :

$$\frac{\partial}{\partial x}, \quad \frac{\partial}{\partial y}, \quad \frac{\partial}{\partial z}, \quad \frac{\partial}{\partial p} + x\frac{\partial}{\partial z}, \quad \frac{\partial}{\partial q} + y\frac{\partial}{\partial z}.$$

Ces derniers, pourvus de coefficients constants et réunis de manière linéaire et homogène, donnent un opérateur E permutable aussi avec tous les opérateurs de dérivation figurant dans (6). Il s'ensuit que si

$$K,\quad A,\quad B,\quad C,\quad D$$

forment un système de solutions pour (6), on pourra en déduire le nouveau système de solutions

$$E(K),\quad E(A),\quad E(B),\quad E(C),\quad E(D).$$

De ces transformations infinitésimales, on pourrait, par les raisonnements fondamentaux de la théorie des groupes, s'élever à des transformations finies dépendant de constantes et même de fonctions arbitraires. Une infinité d'invariants intégraux, de la forme (3), peuvent être considérés comme partageables en classes, ceux d'une même classe étant liés par l'une des opérations que nous venons d'esquisser.

4. Équations de Monge-Ampère. — Soit à déterminer une surface sur laquelle chaque élément x, y, z, p, q satisferait aux deux relations différentielles

$$(8)\qquad \left\{\begin{array}{l} I\,dx + J\,dy + L\,dz + M\,dp + N\,dq = 0, \\ P\,dx + Q\,dy + R\,dz + S\,dp + T\,dq = 0. \end{array}\right.$$

Bien entendu, on aurait aussi identiquement sur la surface

$$\begin{array}{lll} s\,dx + t\,dy & & -\,dq = 0, \\ r\,dx + s\,dy & -\,dp & = 0, \\ p\,dx + q\,dy - dz & & = 0 \end{array}$$

qui, de ce fait, serait surface intégrale de l'équation aux dérivées partielles

$$(9)\qquad \begin{vmatrix} s & t & 0 & 0 & -1 \\ r & s & 0 & -1 & 0 \\ p & q & -1 & 0 & 0 \\ I & J & L & M & N \\ P & Q & R & S & T \end{vmatrix} = 0.$$

Or c'est là l'équation générale de Monge-Ampère définie, d'après les théories de S. Lie, par l'un des systèmes de caractéristiques, savoir le système (8) (*cf.* E. Goursat, *Leçons sur les équations du second ordre*, t. 1, p. 49-51). Rappelons que si, partant d'une équation de Monge-Ampère (4), on tente de mettre les caractéristiques en évidence, on trouve, en général, deux systèmes tels que (8).

Partons maintenant de l'équation (9) que nous dirons être du *type de Lie* pour rappeler sa genèse et sa forme, et convenons de remplacer l'avant-dernière ligne du déterminant par la ligne d'opérateurs

$$\frac{\partial}{\partial x} \quad \frac{\partial}{\partial y} \quad \frac{\partial}{\partial z} \quad \frac{\partial}{\partial p} \quad \frac{\partial}{\partial q}.$$

Nous aurons la nouvelle équation de Monge-Ampère

$$(10) \qquad \begin{vmatrix} s & t & 0 & 0 & -1 \\ r & s & 0 & -1 & 0 \\ p & q & -1 & 0 & 0 \\ \frac{\partial}{\partial x} & \frac{\partial}{\partial y} & \frac{\partial}{\partial z} & \frac{\partial}{\partial p} & \frac{\partial}{\partial q} \\ P & Q & R & S & T \end{vmatrix} = 0$$

que nous dirons être du *type de Bäcklund*. D'après (H), sur les surfaces intégrales de (10), la forme

$$(11) \qquad P\,dx + Q\,dy + R\,dz + S\,dp + T\,dq$$

est une différentielle exacte. On trouve une équation (10) au point de vue géométrique quand, partant d'une surface Σ formée d'éléments x, y, z, p, q, on veut lui faire correspondre, par des formules telles que

$$(12) \qquad \begin{cases} x' = x'(x, y, z, p, q), & y' = y'(x, y, z, p, q), \\ p' = p'(x, y, z, p, q), & q' = q'(x, y, z, p, q), \end{cases}$$

une surface Σ' sur laquelle $p'\,dx' + q'\,dy'$ serait une différentielle exacte dz'. En exprimant la chose avec les variables x, y, z, p, q, c'est-à-dire sur Σ, on a bien une équation (10).

Si, les équations (12) prenant une forme implicite quelconque entre x, y, z, p, q et x', y', z', p', q', il arrivait, à la fois, que $p' dx' + q' dy'$ soit différentielle exacte sur Σ et $p\, dx + q\, dy$ différentielle exacte sur Σ', il y aurait *transformation de Bäcklund* (¹). Mais nous devons nous borner ici à cette simple mention, renvoyant, pour l'étude de ces transformations aux Mémoires précités de M. Goursat et particulièrement à celui de 1918 qui apporte à la théorie de grands et définitifs progrès ainsi que de nombreux exemples (²).

5. Forme intégrale d'une équation de Monge-Ampère. — L'équation (10), du type de Bäcklund, est-elle aussi complètement générale que l'équation (9) du type de Lie? Certes, en passant de (9) à (10), on a supprimé cinq fonctions arbitraires, mais il en reste encore *cinq*, alors que l'équation de Monge-Ampère (4) n'a que *quatre* coefficients distincts. On pourrait donc croire, de ce fait, que (10) est aussi générale que (4).

Cependant il n'en est rien.

Multiplions (4), par un facteur $\lambda(x, y, z, p, q)$, et essayons de l'identifier avec (10). Il faudra que λ satisfasse à un certain *système en* λ qui s'obtient en remplaçant K, A, B, C, D, dans le système (6), par $K\lambda$, $A\lambda$, $B\lambda$, $C\lambda$, $D\lambda$. Ainsi l'unique facteur λ devrait satisfaire à cinq équations qui, à vrai dire, peuvent se réduire à deux par des dérivations, mais, en

---

(¹) Albert-Victor Bäcklund, né en 1845, astronome à l'Observatoire, puis professeur et recteur de l'Université de Lund (Suède). Ses travaux sur la transformation des équations aux dérivées partielles ne représentent qu'une petite partie d'une activité scientifique qui d'ailleurs ne cesse point.

En France, les transformations de Bäcklund ont été étudiées non seulement par M. Goursat, mais par les élèves de ce dernier. Parmi ceux-ci il faut accorder une mention spéciale à Jean Clairin (1876-1914), professeur à la Faculté des Sciences de Lille, tué à l'ennemi. [Cf. *Éloge funèbre*, par M. GOURSAT (*Séances de la Société mathématique*, 1916).]

J. Clairin proposa une première classification des transformations de Bäcklund (*A. E. N.*, Thèse, 1902). Il compléta ce travail en divers Mémoires (*S. M*, 1902, 1904, 1905, 1913. — *A. T.*, 1903. — *A. E. N.*, 1913). Il étudia, comme cas particuliers, plusieurs transformations connues [de Laplace, de Moutard, de Lucien Lévy (*S. M.*, 1905)]. A la veille de la guerre il publiait des notes pleines d'intérêt (*C. R.*, 30 mars et 27 avril 1914) où il considérait notamment des transformations de Bäcklund entre équations non linéaires.

(²) M. Goursat, dans le Mémoire de 1902, appelle *problème de Bäcklund* celui qui revient à la construction de l'équation (10) et, dans celui de 1918, emploie la même dénomination pour désigner la recherche des transformations de Bäcklund. Cette seule remarque évitera toute confusion.

général, ces deux dernières seront indépendantes et ceci, toujours en général, empêche l'existence de λ.

Cette constatation entraîne immédiatement une autre question.

Puisque l'équation de Monge-Ampère la plus générale n'est pas du type de Bäcklund (10), c'est-à-dire n'est pas du type intégral

$$(13) \qquad 0 = \int_C \mathrm{P}\,dx + \mathrm{Q}\,dy + \mathrm{R}\,dz + \mathrm{S}\,dp + \mathrm{T}\,dq,$$

quelle est la forme, analogue à (13), qui serait celle de l'équation générale?

La réponse est simple.

Toute équation de Monge-Ampère peut être mise, d'une infinité de manières, sous la forme intégrale

$$(14) \qquad \int\int_S \Theta\,dx\,dy = \int_C \mathrm{P}\,dx + \mathrm{Q}\,dy + \mathrm{R}\,dz + \mathrm{S}\,dp + \mathrm{T}\,dq.$$

C'est surtout par ce théorème que l'étude des équations de Monge-Ampère est intimement rattachée à l'étude de la formule (II) et des intégrales doubles. En appliquant la formule (II) à l'équation (14), on l'écrit immédiatement $\Delta = \Theta$, en désignant toujours par Δ le déterminant qui figure dans (II) et Θ étant une fonction de x, y, z, p, q tout comme l'une quelconque des fonctions P, Q, R, S, T. Mais ceci n'est que la réciproque du théorème énoncé; pour le théorème lui-même et pour la mise effective d'une équation quelconque de Monge-Ampère sous la forme (14), nous renverrons aux *Annales de Toulouse* (1913, p. 323).

6. Classifications. — La classification des équations de Monge-Ampère repose généralement sur la réduction, à des formes canoniques types, des formes différentielles constituant les équations des caractéristiques. On peut évidemment faire quelque chose d'analogue en passant par l'équation (14), puis par (13) et par des types (13) où la forme (11) se réduit de plus en plus simplement. Quand (11) prend la forme $u\,dv$, où u et v sont fonctions de x, y, z, p, q, l'équation admet une *intégrale intermédiaire* $u = \varphi(v)$. Elle rentre alors indifféremment, et de manière également aisée, soit dans le type de Lie, soit dans le type de Bäcklund. Elle a ainsi l'une des deux formes

$$\begin{vmatrix} s & t & 0 & 0 & -1 \\ r & s & 0 & -1 & 0 \\ p & q & -1 & 0 & 0 \\ u'_x & u'_y & u'_z & u'_p & u'_q \\ v'_x & v'_y & v'_z & v'_p & v'_q \end{vmatrix} = 0,$$

$$\begin{vmatrix} s & t & 0 & 0 & -1 \\ r & s & 0 & -1 & 0 \\ p & q & -1 & 0 & 0 \\ \frac{\partial}{\partial x} & \frac{\partial}{\partial y} & \frac{\partial}{\partial z} & \frac{\partial}{\partial p} & \frac{\partial}{\partial q} \\ uv'_x & uv'_y & uv'_z & uv'_p & uv'_q \end{vmatrix} = 0.$$

Reconnaître si une équation de Monge-Ampère admet une intégrale intermédiaire est une question classique pour laquelle nous renverrons encore aux *Leçons* de M. Goursat. Si l'on s'élève au type de Bäcklund (13), on y trouve le plus grand nombre des équations les plus importantes de l'Analyse et de la Géométrie : par exemple, l'équation de Laplace $r + t = 0$ et l'équation des surfaces minima. Mais reconnaître si une équation de Monge-Ampère est du type (13), c'est-à-dire de la forme $\Delta = 0$, est un problème de haute difficulté qui exige l'intervention du *système en* λ dont il a été question au paragraphe précédent et dont la considération appartient toujours à M. Goursat (*Annales de Toulouse*, 1902).

Nous terminerons ce Chapitre en montrant que le système en λ contient comme cas très particulier le système de quatre équations auquel satisfait la partie réelle (ou la partie purement imaginaire) d'une fonction de deux variables complexes. Ce ne sera pas le rapprocher d'un système d'étude facile, mais cela nous fournira une liaison remarquable pour passer au Chapitre suivant.

7. Le système en λ et les fonctions de deux variables complexes. — Cherchons s'il existe un multiplicateur λ qui permettrait de mettre l'équation de Laplace $r + t = 0$, ou

$$\frac{\partial^2 z}{\partial x^2} + \frac{\partial^2 z}{\partial y^2} = 0,$$

sous la forme $\Delta = 0$. Le système en λ se réduit à

$$\begin{gathered}
X^2(\lambda) + Y^2(\lambda) = 0, \\
-X(\lambda'_p) + Y(\lambda'_q) + 2\lambda'_z = 0, \\
X(\lambda'_q) + Y(\lambda'_p) = 0, \\
-Y(\lambda'_q) + X(\lambda'_p) + 2\lambda'_z = 0, \\
\lambda''_{qq} + \lambda''_{pp} = 0.
\end{gathered}$$

En ajoutant la seconde et la quatrième équation, on voit que $\lambda'_z = 0$; donc λ ne peut contenir explicitement z. Dans ces conditions il reste

$$(15)\quad \left\{\begin{aligned}
&\frac{\partial^2\lambda}{\partial x^2} + \frac{\partial^2\lambda}{\partial y^2} = 0, &\qquad& \frac{\partial^2\lambda}{\partial x\,\partial p} - \frac{\partial^2\lambda}{\partial y\,\partial q} = 0, \\
&\frac{\partial^2\lambda}{\partial x\,\partial q} + \frac{\partial^2\lambda}{\partial y\,\partial p} = 0, &\qquad& \frac{\partial^2\lambda}{\partial q^2} + \frac{\partial^2\lambda}{\partial p^2} = 0.
\end{aligned}\right.$$

C'est bien le système vérifié par la partie réelle ou par la partie imaginaire d'une fonction des deux variables

$$u = x + iy, \qquad v = q + ip.$$

Comme le remarque M. E. Picard (*Traité d'Analyse*, t. 2, 2e éd., p. 257), ce système ne s'est guère prêté à une étude directe et ceci n'est pas encourageant quant à l'étude du système en λ. On peut cependant trouver un assez grand nombre de solutions particulières de systèmes en λ particuliers correspondant à des équations de Monge-Ampère que l'on sait être de la forme $\Delta = 0$.

Quant aux résultats qui viennent d'être exposés à propos de l'équation de Laplace, ils peuvent s'interpréter de diverses manières. Ainsi, λ satisfaisant au système (15), l'intégrale

$$\int\int_S \lambda(x, y, q, p)(r + t)\,dx\,dy$$

est invariante pour toutes les déformations de la cloison S qui en conservent le contour et les plans tangents le long de ce contour.

Plus symétriquement, si l'on pose

$$f(u, v) = \Phi(x, y, q, p) + i\Psi(x, y, q, p),$$

on a

$$-\int\int_S \begin{matrix}\Phi'_q \\ \Psi'_p\end{matrix}(r+t)\,dx\,dy = \int_C \Phi\,dx - \Psi\,dy,$$

$$\int\int_S \begin{matrix}\Phi'_p \\ -\Psi'_q\end{matrix}(r+t)\,dx\,dy = \int_C \Psi\,dx - \Phi\,dy.$$

M. E. Picard remarque encore (*loc. cit.*) qu'il y a une très grande différence entre les fonctions Φ et Ψ suivant qu'elles proviennent d'une fonction d'une seule variable complexe ou d'une fonction de deux variables; dans le premier cas, elles sont *solutions* de l'unique équation de Laplace; dans le second cas, elles sont *solutions* d'un système de quatre équations. Cette différence disparaît de façon curieuse si l'on se propose de considérer Φ et Ψ non plus comme des solutions, mais comme des *multiplicateurs* λ. Alors peu importe que Φ et Ψ proviennent d'une fonction d'une ou de deux variables complexes; ce sont toujours des multiplicateurs λ pour l'unique équation de Laplace.

8. Généralisations. — Pour les généralisations des questions de ce Chapitre, il nous faut surtout renvoyer aux travaux de MM. Goursat et Cartan, ce que nous avons déjà dit à la fin du paragraphe 1. Mais l'usage des déterminants symboliques permet aussi d'apercevoir très intuitivement d'intéressantes extensions. Ainsi les équations des caractéristiques (8) peuvent être étendues à un plus grand nombre de variables, d'où des équations (9), analogues à l'équation de Monge-Ampère, mais écrites avec des déterminants d'ordre plus élevé. Dans ces déterminants, des lignes de fonctions arbitraires pourront être remplacées par des lignes d'opérateurs de dérivation. Donc, dans les équations aux dérivées partielles d'ordre supérieur et à un nombre quelconque de variables, le parallélisme entre types de Lie et types de Bäcklund pourra être poussé fort avant. C'est d'ailleurs, si l'on veut, un parallélisme de nature physique où l'on invoquerait, d'une part, la théorie des ondes, de l'autre, la théorie des tourbillons.

Dans la Physique qui se développe maintenant, au jour le jour, de façon si profonde et curieuse, on observe continuellement ce parallélisme entre expressions symétriques formées, d'une part avec des termes ordinaires, d'autre part avec des termes symboliques qui sont généralement des opérateurs de dérivation. A ce sujet, on se reportera encore à l'Ouvrage de M. Th. de Donder cité à la fin du Chapitre I.

CHAPITRE V.

LA FORMULE DE STOKES SUR LES SURFACES ALGÉBRIQUES. TRAVAUX DE M. ÉMILE PICARD.

1. Le théorème de Cauchy-Poincaré. — On sait que le théorème de Cauchy sur la nullité de l'intégrale de $f(z)dz$ le long d'un contour fermé a été étendu par Henri Poincaré aux fonctions de deux variables complexes (*Acta mathematica*, t. IX). Depuis, le théorème a été repris et réexposé de bien des manières; nous réexposons ici et très brièvement une démonstration qui repose sur l'identité fondamentale (A).

L'identité (A), du Chapitre I, conserve évidemment un sens si l'on y pose

$$(1)\quad X = X_1(x, y) + iX_2(x, y), \qquad Y = Y_1(x, y) + iY_2(x, y),$$

car on peut alors la scinder en quatre formules dont chacune, exprimée en x et y, est une formule de Riemann (B) où tout est réel et qui peut être établie comme (B) l'a été d'abord.

On peut maintenant imaginer, dans (A), une substitution analogue à (1), mais faite en deux fois. On considérera d'abord deux variables complexes

$$u = u_1(x, y) + iu_2(x, y), \qquad v = v_1(x, y) + iv_2(x, y),$$

puis l'on posera

$$X = X(u, v) = X_1(u_1, u_2; v_1, v_2) + iX_2(u_1, u_2; v_1, v_2),$$
$$Y = Y(u, v) = Y_1(u_1, u_2; v_1, v_2) + iY_2(u_1, u_2; v_1, v_2).$$

Finalement, X et Y sont bien exprimables en x et y puisque u_1, u_2, v_1, v_2 sont fonctions de x et y. Mais, si l'on passe seulement de X, Y à u, v, on a une formule de Riemann :

$$(2)\qquad \int\int_S \left(\frac{\partial Q}{\partial u} - \frac{\partial P}{\partial v}\right) du\, dv = \int_C P\, du + Q\, dv,$$

où S est la variété (à deux dimensions dans l'espace à quatre)

$$(3)\quad u_1 = u_1(x, y), \quad v_1 = v_1(x, y), \quad u_2 = u_2(x, y), \quad v_2 = v_2(x, y),$$

variété dont le contour C dépendra d'une relation convenable établie entre x et y.

Or la parenthèse de l'intégrale double de (2) est une fonction quelconque de u et v, soit $f(u, v)$. Nous venons donc de redéfinir l'intégrale double d'une fonction de deux variables complexes étendue à une variété S ou, pour mieux dire, à une cloison S appartenant à la variété (3), cette intégrale double ne dépendant que du contour C de S.

Ceci redonne immédiatement le théorème de Cauchy-Poincaré et est même un peu plus complet.

Si, dans l'espace à quatre, on considère une variété à deux dimensions *fermée*, on peut diviser celle-ci en deux parties, A et B, séparées par une frontière C. Les intégrales de $f(u, v)\,du\,dv$ prises sur A et B, *du côté extérieur à la variété*, seront égales en valeur absolue mais de signes contraires; leur somme sera nulle. Donc *l'intégrale de* $f(u, v)\,du\,dv$, *prise sur toute une variété à deux dimensions fermée dans l'espace à quatre, est nulle.* C'est la forme généralement adoptée pour le théorème en vue.

Mais, d'une manière un peu plus générale, on peut demander quelle est la valeur de la même intégrale double quand on intègre non sur toute la variété fermée, mais seulement sur une portion de cette variété, portion limitée par une frontière fermée C. La réponse est alors donnée par la formule (2). Et il est fort remarquable que le théorème de Cauchy-Poincaré et la formule de Riemann convenablement interprétée puissent être considérés comme choses identiques.

La démonstration précédente s'étend sans peine aux fonctions de n variables complexes.

De plus, non seulement la formule de Riemann, mais la formule de Stokes et toutes les extensions indiquées au Chapitre I, subsistent quand on imaginarise les variables. En bloc, ceci résulte du fait que ces formules correspondent à l'identité (A) par des transformations qu'on peut toujours considérer comme analytiques.

2. Les transformations singulières de l'identité fondamentale. — Non seulement le théorème de Cauchy-Poincaré, mais, en somme, tout ce qui est exposé dans le présent opuscule est rattaché aux transformations de l'identité fondamentale (A). Mais les transformations employées jusqu'ici ne l'ont été, pour ainsi dire, qu'en bloc, sans aucun détail distinguant quelques-unes de ces transformations parmi l'ensemble. La question des *singularités*, notamment, n'a jamais été envisagée. Il resterait cependant à faire sur ce point une œuvre capitale.

Soit la transformation

$$(4) \qquad X = \frac{\Phi(x, y)}{x - \alpha(y)}, \qquad Y = Y(x, y),$$

qui est absolument quelconque et générale à cela près que, dans X, on a mis en évidence la ligne d'infini $x = \alpha(y)$.

Le déterminant de cette transformation, lequel s'introduira dans l'intégrale double transformée de l'intégrale double de (A), s'écrit sans peine

$$\Delta = \frac{(x-\alpha)(\Phi'_x Y'_y - \Phi'_y Y'_x) - \Phi(Y'_y + \alpha' Y'_x)}{(x-\alpha)^2}$$

avec α et α' représentant respectivement $\alpha(y)$ et $\alpha'(y)$.

Sans aller plus loin, un premier point doit retenir l'attention. *La ligne d'infini introduite dans* X *n'existe pas forcément dans* Δ ; car le numérateur de Δ peut être divisible par $(x - \alpha)^2$.

Les conséquences de ce fait sont prodigieuses et absolument hors de proportion avec l'impression très élémentaire que donne la constatation soulignée quand on l'envisage pour la première fois. Ainsi cette constatation conduit très directement au *théorème d'échange du paramètre et de l'argument* qui, combiné avec le théorème d'Abel sur les sommes symétriques de différentielles algébriques, donne la solution, selon Weierstrass, du problème de l'inversion.

De plus, le même fait crée la principale et énorme difficulté relative à la détermination du nombre de certaines intégrales doubles distinctes attachées à une surface algébrique.

Mais reprenons la question où nous l'avons laissée.

Pour que le numérateur de Δ soit divisible par $x - \alpha$, la condition est

$$\alpha' Y'_x(\alpha, y) + Y'_y(\alpha, y) = 0.$$

Pour exprimer que ce même numérateur est divisible par $(x - \alpha)^2$, nous écrirons que sa dérivée partielle par rapport à x s'annule pour $x = \alpha(y)$. Tenant compte du résultat déjà obtenu et omettant d'écrire des termes manifestement nuls pour $x = \alpha$, on a une seconde condition qui peut s'écrire

$$Y'_x(\alpha, y)\frac{d}{dy}\Phi(\alpha, y) + \Phi(\alpha, y)\frac{d}{dy}Y'_x(\alpha, y) = 0$$

ou bien

$$\Phi(\alpha, y)Y'_x(\alpha, y) = C$$

en désignant par C une constante arbitraire. La combinaison des deux conditions trouvées nous en donnera une troisième que nous écrirons par raison de symétrie et nous aurons ce théorème :

Le déterminant Δ *ne contient pas la ligne d'infini* $x = \alpha(y)$ *quand sont satisfaites deux quelconques des trois conditions*

$$(5)\quad \begin{cases} \alpha' Y'_x(\alpha, y) + Y'_y(\alpha, y) = 0, \\ \Phi(\alpha, y)Y'_x(\alpha, y) = C, \\ \Phi(\alpha, y)Y'_y(\alpha, y) = -\alpha' C. \end{cases}$$

3. Exemples. Échange du paramètre et de l'argument. — Appliquons les formules (5) à la réobtention d'un résultat connu. Dans (4) prenons d'abord

$$Y = m\int_{y_0}^{y}\frac{dy}{\sqrt{f(y)}} - \int_{x_0}^{x}\frac{dx}{\sqrt{f(x)}}$$

et considérons l'équation différentielle

$$(6)\quad dY = m\frac{dy}{\sqrt{f(y)}} - \frac{dx}{\sqrt{f(x)}} = 0$$

dont nous supposerons connue une solution particulière

$$x = \alpha_m(y).$$

Il n'est pas nécessaire de préciser dès maintenant la nature de f et de α_m.

Avec ces Y et α_m la première équation (5) est identiquement satisfaite. Aux Φ donnés ensuite par les deux autres équations (5) correspondent deux formules non distinctes qui ajoutées (la première étant multipliée par m) donnent

$$(7)\quad \int_C X\,dY = \iint_S \frac{X(x, y)\,dx\,dy}{2(x-\alpha_m)^2\sqrt{f(x)f(y)}}$$

en désignant par $V(x, y)$ l'expression

$$(x-\alpha_m)[m^2 f'(x) + 2\alpha''_m f(y) + \alpha'_m f'(y)] - 2m^2 f(x) + 2\alpha'^2 f(y)$$

et en posant alors

$$(8)\qquad \begin{cases} X = \dfrac{m\sqrt{f(x)} + \alpha'_m\sqrt{f(y)}}{x-\alpha_m}, \\ Y = m\displaystyle\int_{y_0}^{y} \frac{dy}{\sqrt{f(y)}} - \int_{x_0}^{x} \frac{dx}{\sqrt{f(x)}}. \end{cases}$$

D'ailleurs, la formule (7) étant écrite, il est bien simple de la vérifier en faisant la substitution (8) dans l'identité fondamentale (A). On vérifie ensuite, tout aussi facilement, que $V(x, y)$ est divisible par $(x-\alpha_m)^2$.

Nous sommes donc en possession d'une formule (7) du type exceptionnel dont l'existence a été indiquée au paragraphe précédent. Si l'on met le premier membre de (7) sous la forme

$$\int_C P\,dx + Q\,dy,$$

les coefficients P et Q ont la ligne d'infini $x = \alpha_m$, ce que le second membre n'indique plus si la division de $V(x, y)$ par $(x-\alpha_m)^2$ peut être effectuée.

Avant d'aller plus loin, insistons sur le cas où $m = 1$.

La solution $x = \alpha_m(y)$ peut être simplement $x = y$ et le premier membre de (7), à un terme près qui est l'intégrale d'une différentielle exacte, peut maintenant s'écrire

$$(9)\qquad \int_C \frac{\sqrt{f(x)}\,dy}{(x-y)\sqrt{f(y)}} - \int_C \frac{\sqrt{f(y)}\,dx}{(x-y)\sqrt{f(x)}}.$$

Cette différence d'intégrales symétriques est égale à

$$(10)\qquad \frac{1}{2}\int\int_S \frac{V(x, y)\,dx\,dy}{(x-y)^2\sqrt{f(x)f(y)}}$$

avec

$$V(x, y) = (x-y)[f'(x) + f'(y)] - 2f(x) + 2f(y).$$

Si f est un polynome, la division de $V(x, y)$ par $(x-y)^2$ est évidemment possible en termes finis; *si*, de plus, C *est un rectangle à côtés parallèles aux axes* Oxy, *l'intégrale* *double* (10) *est une somme de produits de la forme*

$$\int \frac{x^m\,dx}{\sqrt{f(x)}} \int \frac{y^n\,dy}{\sqrt{f(y)}}$$

et, par suite, *il en est de même de la différence* (9).

Tel est, entre intégrales hyperelliptiques, le *théorème d'échange du paramètre et de l'argument.*

Ce théorème a été aperçu par Legendre, au moins dans le cas des intégrales elliptiques ; il fut ensuite l'objet de développements considérables dus surtout à Abel, Jacobi, Weierstrass, Hermite. On le trouvera, sous la forme que nous venons de rappeler, dans les *Œuvres* de Charles Hermite (t. II, p. 202).

Observons aussi que l'égalité des expressions (9) et (10) peut être obtenue directement en effectuant la transformation

$$X = \frac{\sqrt{f(x)f(y)}}{x-y}, \qquad Y = \int_{y_0}^{y} \frac{dy}{f(y)} - \int_{x_0}^{x} \frac{dx}{f(x)}$$

sur l'identité (A).

Enfin reprenons (7) pour mettre en évidence un point qui est encore d'importance primordiale : *les égalités telles que* (7) *tendent à se séparer en catégories dont l'existence dépend de conditions de nature arithmétique.*

Précisons l'hypothèse de f polynome en admettant que ce polynome soit du troisième degré.

Alors (6) est l'une des formes de l'équation différentielle relative à la multiplication des fonctions elliptiques. Si m est entier, il y a *multiplication ordinaire ;* mais pour certaines formes de f, c'est-à-dire pour certaines formes *arithmétiques* des coefficients de f, m peut être imaginaire et il y a *multiplication complexe.* Cette dernière multiplication n'existera donc pas toujours pour un polynome f, du troisième degré, écrit au hasard.

Par suite, il y aura en (7) une catégorie de formules qui s'augmentera ou ne s'augmentera pas d'une seconde catégorie, suivant que les fonctions elliptiques définies par f admettront ou n'admettront point la multiplication complexe. Rappelons que, dans les deux cas, $x = \alpha_m(y)$ est une fonction rationnelle de y, si bien que toutes les formules (7) donnent des intégrales doubles portant sur des expressions ne contenant d'autre irrationalité que le radical mis en évidence.

Au lieu de formules (7) on peut évidemment tenter d'en obtenir d'autres en partant d'une équation différentielle autre que (6) et de certaines de ses solutions particulières auxquelles on devra généralement imposer certaines conditions de rationalité ou, tout au moins, d'algébricité si l'on veut limiter les singularités algébriques de nos intégrales doubles à pseudo-ligne d'infini et si l'on veut surtout pouvoir effectuer, en termes finis, la division relative à cette pseudo-ligne. Ainsi nous pouvons tenter d'obtenir des généralisations du théorème d'échange entre le paramètre et l'argument, théorème qui, pris sous sa forme la plus ancienne, est déjà transformé de manière intéressante en (7). Mais, pour aller plus loin, il faut entrer dans le champ des équations différentielles algébriques à solutions particulières soumises à des conditions algébrico-arithmétiques, champ hérissé de redoutables difficultés. Et ceci semble être l'inévitable si l'on veut classer les intégrales doubles attachées à des surfaces algébriques.

4. Intégrales doubles attachées aux surfaces algébriques. — Soit une surface algébrique d'équation

$$F(x, y, z) = 0. \tag{11}$$

L'intégrale

$$\int\int_S \Phi(x, y, z)\,dx\,dy, \tag{12}$$

où Φ est une fonction *rationnelle* de x, y, z, est attachée à la surface (11) du fait que le z que contient Φ est le z de cette surface.

Considérons de plus l'intégrale

$$\int\int_S \begin{vmatrix} F'_x & F'_y & F'_z \\ \dfrac{\partial}{\partial x} & \dfrac{\partial}{\partial y} & \dfrac{\partial}{\partial z} \\ P & Q & R \end{vmatrix} \frac{dx\,dy}{F'_z}. \tag{13}$$

Si le déterminant qu'elle contient s'exprime rationnellement en x, y, z, ce que nous supposerons, cette intégrale paraît tout à fait analogue à (12), mais il faut cependant l'en distinguer du fait qu'elle peut être exprimée par l'intégrale de ligne

$$\int_C P\,dx + Q\,dy + R\,dz,$$

en vertu de la formule de Stokes qui, comme nous l'avons remarqué à la fin du paragraphe **1**, s'applique tout aussi bien au cas où x, y et, par suite, z sont des variables complexes. Et d'ailleurs l'intégrale (13) n'est pas précisément attachée à S en ce sens qu'elle restera invariante si, S étant sur (11) une cloison à frontière bien déterminée C, on remplace cette cloison par une autre ayant simplement même frontière.

Bref, il y a des raisons pour ne pas considérer (13) comme une véritable intégrale double attachée à la surface (11). Parmi d'autres, on ne la comptera point et des intégrales (12) ne seront considérées comme *distinctes* que si elles ne font point partie d'une forme linéaire, à coefficients constants, égale à une intégrale (13). L'étude de telles *distinctions* conduit évidemment à chercher si une fonction rationnelle $\Phi(x, y, z)$ peut se mettre sous la forme

$$\frac{1}{F'_z}\begin{vmatrix} F'_x & F'_y & F'_z \\ \dfrac{\partial}{\partial x} & \dfrac{\partial}{\partial y} & \dfrac{\partial}{\partial z} \\ P & Q & R \end{vmatrix}. \tag{14}$$

Nous retrouvons ici, sous des espèces plus précises, le problème des invariants intégraux géométriques illustré, au Chapitre II, par d'élégants exemples. Il était alors intéressant, et d'ailleurs relativement élémentaire, de constater que certaines intégrales doubles, à origine géométrique (telles les différences de volumes à facette commune, les angles spatiaux, les aires sphéro-coniques de M. Humbert, les volumes canaux de M. Kœnigs, les sommes abéliennes de volumes coniques, etc.), se résolvaient finalement en intégrales de ligne. Ici il faut se poser des questions analogues pour distinguer et classer les intégrales doubles attachées aux surfaces algébriques, mais avec des difficultés nouvelles, spéciales et très grandes.

L'expression (14) ne perd rien de sa généralité en supposant $R = 0$; on peut même alors l'écrire

$$\frac{\partial}{\partial x}Q(x, y, z) - \frac{\partial}{\partial y}P(x, y, z),$$

mais ce ne sera qu'une convention abréviative puisqu'il faudra, en effectuant les dérivations partielles, traiter z comme fonction de x et y définie par (11).

Et, en cherchant si $\Phi(x, y, z)$ *peut prendre la forme* (14), *il ne faudra pas oublier que* P, Q, R *pourront avoir des infinis qui ne seront indiqués en rien par la forme de* Φ.

Ainsi la formule (7), quand α_m est rationnel, donne des intégrales doubles (12), de construction rationnelle, attachées à une surface (11) qui a alors pour équation $z^2 = f(x)f(y)$.

Comme nous l'avons déjà dit, il y a, sous une telle intégrale double, un quotient de $V(x, y)$ par $(x - \alpha_m)^2$ qui, considéré comme effectué, peut ne conserver aucune trace du diviseur.

La difficulté soulignée est de beaucoup la plus redoutable dans le problème du dénombrement et de la classification des intégrales doubles algébriques.

D'ailleurs, ces questions renferment non seulement des difficultés, mais encore des propositions d'apparence paradoxale. Ainsi *des quotients de* $V(x, y)$ *par* $(x - \alpha_m)^2$ *peuvent non seulement perdre la ligne d'infini* $x = \alpha_m$, *mais encore l'admettre pour ligne de zéros.* C'est le cas du $V(x, y)$ de (7) qui est divisible non seulement par $(x - \alpha_m)^2$ mais par $(x - \alpha_m)^3$; il s'ensuit naturellement que le $V(x, y)$ de (10) est divisible par $(x - y)^3$.

Ainsi, *si l'on considère des formules de réduction entre intégrales de surface, revenant à des égalités entre intégrales* (12) *et* (13), *il peut arriver non seulement que* $\Phi(x, y, z)$ *ne contienne pas des lignes d'infini contenues dans* P, Q, R, *mais que ces lignes d'infini soient lignes de zéros pour* $\Phi(x, y, z)$.

Ce paradoxe, quand il existe, doit évidemment avoir quelque avantage ; les lignes d'infini de P, Q, R ne sont plus aussi profondément cachées puisqu'on peut les chercher parmi les lignes d'évanouissement de Φ.

Que de recherches s'imposeraient encore sur de tels points !

5. Résultats de M. E. Picard. — Nous n'avons point fait de citations, dans les trois derniers paragraphes, pour interrompre le moins possible des raisonnements délicats ; en fait, les citations doivent renvoyer toutes aux *Fonctions algébriques de deux variables indépendantes* de M. Emile Picard qui, dans cet imposant Ouvrage, a d'ailleurs mentionné la part due à des efforts venus de l'école italienne.

L'exposé des pages précédentes ne fait que représenter des résultats de M. Picard avec l'intention d'élémentariser le plus possible un sujet qui cependant ne peut l'être beaucoup.

C'est ainsi que nous avons rattaché les théorèmes d'échange à l'identité fondamentale (A) et essayé quelques comparaisons avec les problèmes géométriques du Chapitre II.

Disons que nous venons d'essayer d'exciter l'intérêt en présentant comme curieuses, exceptionnelles ou même paradoxales des propriétés qui sont plutôt normales parmi les intégrales doubles algébriques que M. Picard dit être *de seconde espèce*. Le célèbre géomètre leur accorde une prédilection marquée et c'est certainement sur celles-ci qu'il convient de concentrer le plus d'efforts.

La question consistant à mettre Φ sous la forme (14), qui peut paraître si simple au premier abord, tient la plus grande partie du Tome II des *Fonctions algébriques*. Ce n'est donc pas dans le modeste et présent opuscule qu'il faudra l'étudier, mais peut-être y aurons-nous conduit quelques lecteurs nous ayant d'abord suivi en des pages beaucoup plus élémentaires.

FIN.

TABLE DES MATIÈRES.

FIN DE LA TABLE DES MATIÈRES.

62480-20 Paris. — Imprimerie Gauthier-Villars et Cie, 55, quai des Grands-Augustins.

www.ingramcontent.com/pod-product-compliance
Lightning Source LLC
LaVergne TN
LVHW020044170826
845678LV00001B/423

* 9 7 8 2 3 2 9 6 8 8 1 1 4 *